冷萃咖啡學。

王維新——著

▎ CONTENTS ▎

 CHAPTER 1　萃取概論

 CHAPTER 2　冷萃咖啡風味的影響因素

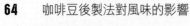 **CHAPTER 3　三種冷萃方式造成的口感差異**

 CHAPTER 4　冷萃咖啡製作過程

CHAPTER 5　冷萃咖啡風味與香氣的品嚐與練習

CHAPTER 6　冷萃過程的問題處理及其他小細節

▌ 序 ▌

　　十月忙著參與國內咖啡界第一次舉辦的世界性比賽——世界虹吸大賽盛事時，接到幸福文化梁副總編在店內粉絲頁的留言，想邀請我和大家分享有關冷萃咖啡的經驗。當時心裡 os：『這能說得很有限吧！』但在梁副總編不厭其煩的溝通下，這孩子就誕生了！內容親民、好讀、容易理解是我們的共識，讓大家不只理解會喝，還能輕鬆做出一杯好喝的冷萃咖啡是最終的目標，因此內容除了冷萃咖啡的製作與基本萃取原理外，還附加了一些基本的咖啡相關常識，希望讓大家對咖啡有較全面性的認識。

　　因為咖啡要說的實在太細了，風味可能性太多了，所以用比較巨觀的方式來呈現這些相關常識。

　　常有朋友問我「咖啡要怎麼學？」我都跟他說「一喝二萃三烘焙」。一要會喝，會喝是指除了多喝多嘗試外，喝的時候不是像解渴一樣咕嚕吞下肚或喝很多杯叫做會喝。我們不需像美食

家一樣用豐富的辭彙描述喝到的風味，但至少要用心去感受一下這杯咖啡給你的感官刺激，例如：口感圓不圓潤？像果汁還是紅酒？還是印象中充滿咖啡味的咖啡？然後拿這杯和之前喝過的做比較，看看有甚麼不同？能比較出不同處才能算會喝，畢竟咖啡是拿來喝的，如果喝不出個所以然，豆子漂亮也枉然。所以會喝後再求會萃取，因為在萃取的當下才會知道過程中各種可能影響最後風味的關鍵。等到萃取穩定了，再邁向最後一步——玩咖啡豆烘焙。

現在是資訊爆炸且透明的時代，網路上搜尋關鍵字馬上就可以得到一堆想要的資訊，也因為如此，造成很多剛開始接觸咖啡的朋友無所適從，因為每個人都有自己的咖啡觀，所以說的咖啡經都可能因為經驗不同，因而和你所知的相左（他的菜不一定是我的菜），如果沒有實際操作、沒有累積足夠的經驗，只靠著得

到的資訊來嘗試，到最後很容易混亂。一定要動手做，建立與累積自己的資料庫後，再將自身經驗與得到的資訊做比較與驗證，最後就能建立自己的系統咖啡學。誠如小野先生所言：「沒有理論根據的經驗只是談天，沒有經驗根據的理論只是謬論」希望這本書能為大家開啟累積經驗的這扇門。

感謝家人在這條路上一路以來的支持。

感謝全台各界好友們的相挺，尤其是台北、台南、高雄三地的咖啡友人。

感謝台南與高雄工作夥伴的體諒與付出。

感謝幸福文化團隊驚人的溝通與工作能力，這麼短的時間內讓一個素人的經驗談變身為一本工具書。

感謝 Ergos 薇斯卡亞瓜地馬拉咖啡生豆專家的贊助，讓一些讀者朋友也能喝到好豆子做的冰咖啡。

謝天完，讓我們一起做冷萃咖啡 cheers 一下吧！

▌ 前言 ▌

　　咖啡像人生也像天氣，從咖啡樹的種植到拿在手上的這杯咖啡的過程中，每個步驟對最後結果都有蝴蝶效應般的影響。隨著時間演進，追求的意義也不同，在大宗商級咖啡的年代，追求的是一杯穩定的咖啡，到了精品咖啡時代，追求的是咖啡豆反應各產地、各種後製法、各品種，甚至是不同批次的特有風味，所以在咖啡的種植、咖啡豆的精製法，到後來的烘焙方式也都大不相同，因此咖啡很難一言以貫之，必須因地制宜及考量背景來歸納與統整。

　　雖然本書的主題是冷萃咖啡，但書中提到的萃取原理……等等，不論冷萃取或是熱萃取都可以運用，希望讓初次接觸咖啡萃取的朋友也能有較全面的概念。

　　中文字創造的很有其意義，萃取屬於一種技術、一種技藝，「技」這個字從手部，意思就是要多動手做才能擁有這項能力，不是用嘴巴說說或看看文字就能獲得，希望大家在看書的同時也能一起動手做。

　　台灣這兩年開始大流行，因為冷飲市場龐大，愈來愈多連鎖品牌加入冷飲戰場，加上個人冰滴壺的選擇越來愈多，冷萃咖啡成為一種新興的飲品。因為冷萃溫度較低，風味較容易保持，即使是用精品咖啡豆冷萃取都比熱萃取來得容易保持其風味，所以適合包裝為販售的商品。

　　冷萃取咖啡不是加冰塊冷卻的冰咖啡，而是不一樣風味的咖啡享受。由於風味溫和，容易飲用，所以讓不喝咖啡的人都喜愛。

　　手握一杯清涼柔順的冷萃咖啡，瞬間能消除煩燥，這是最令人喜愛的原因。天氣越來越炎熱了，讓我們一起在家動手，用最簡單的方式做出如同咖啡館一般好喝的冰咖啡吧！

｜ 冷萃咖啡的發現 ｜

　　記得剛入行時，那時國內咖啡風氣還不盛行，大家看到烘咖啡豆還以為是炒花生。當時喝咖啡是高級享受，對咖啡的認識大

概就是罐裝伯朗咖啡或是麥斯威爾這類的即溶咖啡。而冰咖啡也少見，大概都是以即溶咖啡加冷水溶解後再加冰塊，講究一點的就是使用虹吸壺或是法蘭絨布萃取，萃取濃一點再直接加冰塊製作成冰咖啡，直到後來綠色美人魚登台後才又提供了不同的冰咖啡選項。

當時不論是咖啡豆的選擇或是製作冰咖啡的方式都很有限，所以如果冰咖啡不加糖奶調和，喝起來的味道就是苦苦的，甚至澀澀的，直到廠商來推廣「冰滴咖啡器具」，冰咖啡的樣貌才有所改變。

現在提到冰滴咖啡，大概都會說「荷蘭式冰滴咖啡」。但記得二十年前，那個國內冰滴咖啡器具剛出來的年代，前來推廣的廠商說這套器材是日本人製作出來的，所以到底冰滴咖啡是一場美麗的謊言？或是荷蘭人發明、傳進日本後再由日本發揚光大？就不得而知了。這幾年由於氣候變遷，夏季越來越熱，甚至連冬天都不冬天了，市面上冰咖啡的選擇也越來越多，有冰釀咖啡、有冷泡咖啡、有冰滴咖啡、有氮氣咖啡……面對琳瑯滿目的產品，相信有選擇障礙的朋友會感到手足無措。到底這些名詞有甚麼不同的意義？冷萃咖啡要如何製作？影響口感的原因又有哪些？讓我們一起來探討吧！

CHAPTER 1

COFFEE EXTRACT
萃取概論

▌ 冰咖啡比熱咖啡貴 ▌

不論是傳統製作的冰咖啡，或是現在常見的冰滴、水滴、冰釀咖啡，通常售價都會比熱咖啡貴，因為冰咖啡的製作成本比熱咖啡高。以嗅覺和味覺感受來說，我們對熱食的感受會比對冷食的感受強。我們常說「冷了就不好吃了」，或是大家常有的經驗──鼻塞時或感冒時東西就不好吃，除了酸甜苦辣鹹就沒甚麼滋味了，這是因為鼻腔無法充分感受到氣味。氣味分子在低溫時，運動力降低不易揮發出來，因此鼻前嗅覺（鼻子直接聞）的感受力會降低。而在口感的知覺上，冷食會比熱食鈍，所以冰冷的食物通常調味比較重，我們才容易感受，譬如吃剉冰時的配料都很甜，這也是原因之一。

因此，製作冰咖啡時，咖啡豆的用量要比熱咖啡多（物料成本），而且做工比較繁雜（時間成本），所以冰咖啡的售價通常會比熱咖啡貴。

▌ 用時間萃取的香濃風味 ▌

傳統冰咖啡的製作方式是把咖啡煮濃一些，再加入冰塊直接冷卻，這樣做冷卻的效果很好，但也將濃度稀釋了。如果要喝到

一杯濃郁的冰咖啡就不能直接加入冰塊，必須用隔水冰鎮的方式，用時間來降溫冷卻，就像啤酒杯冰鎮後再盛裝啤酒一樣，而不是直接加冰塊，如此才能喝到濃郁而非水水的冰咖啡。而且在萃取熱咖啡的過程中，可能會因為萃取的失誤造成不佳的口感（過苦或帶澀），所以我們喝到的也只是冰咖啡，無法像熱咖啡有「醇」的感覺，直到冰滴咖啡的出現。製作冰咖啡的方式發展到現在也不只冰滴這一種方式而已，舉凡以室溫水或是低於室溫的水來萃取製成的冰咖啡，統稱為「冷萃咖啡」。

▋ 冷萃咖啡的萃取原理與影響因素 ▋

冷萃咖啡大致可分為幾種做法 ——滴濾式、浸泡式、冰釀式，冰釀式分為兩類。這幾種方式由於萃取條件的不同，造成不同的風味與口感，但都屬於冷萃咖啡。

冷萃咖啡的原理和冷泡茶是一樣的，就是以低溫、長時間浸泡的方式，讓咖啡內的風味慢慢溶出。由於是低溫萃取，萃取條件相對穩定，所以不會發生萃取熱咖啡時一不留意可能水溫過高或攪拌過度而造成口感不好的狀況。好喝的冰咖啡聞起來（鼻前嗅覺）的香氣不如熱咖啡那麼奔放上揚，但一入口後各種好滋味、

香氣（主要指鼻後嗅覺 [1]）與觸感紛至沓來，豐富著我們的口，滿足著我們的心！

製作好喝冰咖啡的各種條件為何？要怎麼掌握？

第一步就是萃取。

說到萃取，就必須分析影響萃取的幾個重要因素：研磨粗細、粉水比、萃取溫度、攪拌程度、萃取時間與水。

1 研磨粗細

研磨粗細和溶解速度有關。

當我們把一塊肥皂丟入裝滿水的臉盆，在不做其他任何動作、純粹浸泡的情況下，整塊肥皂要溶解完使得這盆水變成肥皂水，可能需要好幾天的時間才能做到，但是如果我們把肥皂換成等重的肥皂粉呢？這盆水變成肥皂水的時間將會大幅減短，可能

---

[1] 鼻前嗅覺是鼻子直接聞所感受到的氣味，鼻後嗅覺是東西吃到嘴中咀嚼時用鼻子呼氣所感受到的氣味，兩種氣味感受不同。容易揮發的小分子氣味可以用鼻前嗅覺直接感受，但如果氣味是包覆在食物、液體內或不易揮發的部分，就必須透過鼻後嗅覺來感受。

只要一天。因為肥皂粉的總表面積比一塊肥皂大，所以相同時間內參與和水作用的肥皂會比較多，因此溶解速度會大幅提高。

所以表面積越大，萃取時間越短。

萃取咖啡也是一樣。如果研磨成粗顆粒，相同時間內溶解出的物質會比研磨成細顆粒來得少，所以在相同萃取時間下，粗顆粒咖啡粉製作出來的咖啡味道會比較淡，濃度也比較低。

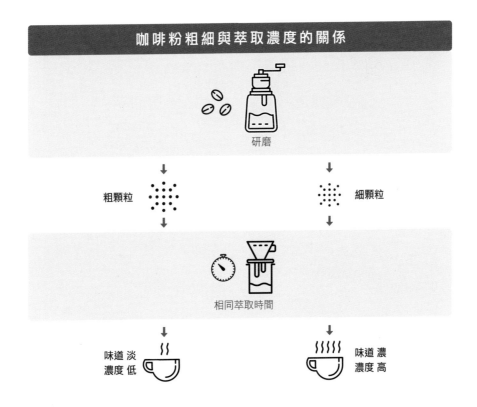

咖啡粉粗細與萃取濃度的關係

研磨

粗顆粒　　　　　　細顆粒

相同萃取時間

味道 淡　　　　　　味道 濃
濃度 低　　　　　　濃度 高

　　市面上這麼多種磨豆機，要用甚麼器具研磨咖啡豆比較好呢？市售常見磨豆機大概可分為手動式（錐刀）磨豆機和電動式（砍豆式、平刀、錐刀、鬼齒）磨豆機這幾種。除了不建議砍豆式磨豆機外，其他的都可以。

　　砍豆式電動磨豆機就像果汁機一樣，裡面附有刀片轉動的機器，沒有刻度可以調整，是依照研磨時間長短製造出不同粗細度，所以更容易因為豆量的多寡、豆子的硬度、研磨時是否搖動，造成研磨出來的粗細均勻度有很大的差異。想像一下我們用果汁機打西瓜汁和蘋果汁，一個組織比較鬆，一個組織比較紮實，相同轉速與時間下，西瓜一定打得比較爛，但蘋果可能還有很多大顆粒，砍豆機就是這樣的狀況，所以不推薦大家使用這類型的磨豆機。

　　平刀、錐刀與鬼齒這三種電動式磨豆機，較平價，適合家用的機型，就是大家可能有聽過的類型，例如：台製小飛馬（平刀版）、卡布蘭莎（錐刀）、日製小富士（鬼齒版）。這些不同刀盤的設計，會使得研磨出來的顆粒形狀很不同——平刀偏向片狀、鬼齒偏向顆粒、錐刀介於兩者之間。在萃取熱咖啡的時候，使用

不同刀盤研磨出來的萃取結果，差異性會比較大，但在做冷萃咖啡上比較沒有明顯的差異，所以大家可以選擇手邊有的或是經濟負擔比較少的磨豆機，做為冷萃咖啡的磨豆機。

Normal way is the best way，也就是說以平常習慣的研磨粗細即可。

研磨的粗細要多少呢？以小飛馬（平刀版）來說刻度 3 左右，也就是和一般萃取熱咖啡差不多的粗細就好，大概就是特級砂糖的粗細。萃取完後因為咖啡粉吸水會膨脹，大概會膨脹成類似二號砂糖的粗細。磨太細，理論上萃取時間可以比較短，但是做冷萃咖啡時很可能造成阻塞，反而無法製作成功；磨太粗，也有可能以冰滴壺製作時盛粉器中的萃取水流速太快，造成萃取效果比較差。

| **最好現磨現萃取** |

像前面我們提過表面積越大萃取速率越快，同樣的表面積越大氧化速率也越快，所以只要是萃取咖啡，不論要萃取熱咖啡或是冰咖啡，最好都是現磨現萃取，這樣能保留最多咖啡的好風味，當然前提是咖啡豆還是新鮮的、是活的，所以還沒有磨豆機的朋友，建議直接買電動的。雖然一般手動磨豆機入門門檻較低，幾百塊就有，且造型都很漂亮，但其實磨一杯咖啡所需的豆量就要磨好幾分

鐘，很多買手動磨豆機的朋友磨兩次就把它放著當裝飾品了，然後
又回復到買豆子時請店家代磨成整包粉的情形，這樣很可惜啊！不
如花費約三千元帶一台電動、有刻度的磨豆機回家使用。只要不磨
到石頭、釘子這類非咖啡豆的硬物（買到品質不好的咖啡豆常有雜
物在內），磨豆機可以用蠻久的，是不錯且重要的投資。

2 粉水比

　　粉水比就是咖啡粉和水的沖煮比例。當粉多水少時我們稱之
為「粉水比小」，當粉少水多時我們稱之為「粉水比大」。粉水
比影響的不只是口感上的濃淡，也會影響萃取率。當粉水比「小」
時，萃取率會降低，因為溶質多於溶劑，還有很多東西在咖啡粉
內無法溶出；相反的，當粉水比「大」時，則咖啡粉內物質會盡
數析出，甚至過度萃取[2]都有可能。

　　舉個例：如果我們煮糖水時，放入 500g 的糖（溶質）到裝了
100g 水（溶劑）的鍋子裡煮，這狀況就是粉水比小，這鍋糖水煮到

2　過度萃取是指當咖啡粉內的好味道已被萃出，但仍持續萃取時，不好的風味
　（雜味、澀味 …….）開始被萃出，稱為「過度萃取」。

最後一定還會有一堆糖無法溶解而沉在鍋底，因為水（溶劑）已經過飽和了，而糖水嚐起來是黏稠的（body 厚實）、甜死人的甜度（濃度高），但還有糖留在鍋底（萃取率低，沒有全部萃取完）。相反的，如果我放入 100g 的糖（溶質）到裝有 500g 水（溶劑）的鍋子內，很快的糖都溶解完了，這糖水嚐起來很稀薄（body 薄弱）、甜度低（濃度低），但是全部的糖都溶解完了（萃取率高，完全萃取）。

一般萃取咖啡時只會做一次萃取，不像泡功夫茶般可以回沖好幾次，這是因為咖啡粉經過研磨後表面積變很大，在萃取時一次就把要萃取的部分都萃取出來了。傳統泡功夫茶的茶葉是整片葉子，表面積相對小很多，所以可以沖好幾次，而每次都只萃取茶葉中的一部分風味，再加上泡功夫茶時的粉水比也很小（茶壺內的茶葉多而水少），所以可以回沖很多次。如果把茶葉切碎（像傳統茶包），而且粉水比拉大（例如：茶葉競賽標準是 1：50）相信也只能沖泡一次。

既然一次就要把味道都抓出來，那粉水比是不是越小越好？也不盡然。粉水比小固然不會有過萃的問題（反而是萃取率低），但是過高的濃度使得很多味道會擠壓在一起，無法感受到它的層次，且過高的濃度有可能讓我們有「苦」的假象。[3]

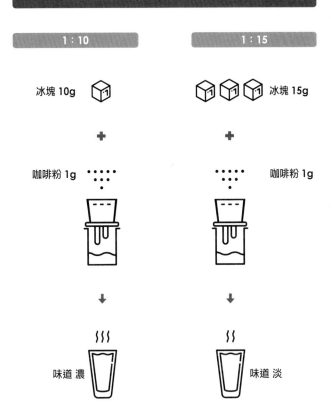

3 太濃會有苦的錯覺，要怎麼分辨到底是太濃還是苦呢？加點水稀釋就知道了。如果是太濃，加幾滴水（真的幾滴就夠了）就會發現，原來的苦感不見了，原本喝起來沒有層次的風味變得有層次了，就像吃炒蛋時吃到一口沒攪開鹽而太鹹的炒蛋，會有苦的感覺；如果是真的苦，那加了水還是苦，就像喝黃蓮水，就算泡得再淡、再稀薄也還是苦。

　　這樣的話什麼比例的粉水比會比較適合？一般我們會説 1：10，或 1：12，或 1：15…等比例，通常使用的是「重量容積比」，意思是 1：10 代表 1g 的咖啡豆用 10ml 的水來萃取，1：15 就是用 1g 的咖啡豆以 15ml 的水來萃取。1：10 就是屬於粉水比小，1：17 就算粉水比大，所以 1：10 做出來的味道會比較濃，1：17 做出來的味道會比較清爽比較淡。考量到如果是用冰塊做冰滴咖啡，由於冰塊的容積不好測量，那大家可以用「重量重量比」來作為萃取的依據，例如：1：10 就是 1g 的咖啡粉以 10g 的冰塊來萃取。

3 萃取溫度

　　假設我們煮一鍋糖水，在相同水量與糖量的前提下，水溫越高則糖溶解越快，水溫越低則溶解越慢。萃取咖啡也是一樣，水溫越高則溶解度越高，水溫越低則溶解度越低。

　　前面提到冷萃咖啡的幾種萃取方式中——水滴式、冰滴式、冰釀式這三種方式，最主要就是因為萃取溫度不同所以造成不同的風味：

・水滴式——以室溫水來萃取咖啡。

・冰滴式——以冰塊水來萃取咖啡。

- 冰釀式分兩類——

  1. 將萃取好的咖啡（不論冷萃取或熱萃取）放置冰箱冷藏室中靜置發酵「釀造」。

  2. 邊冷藏邊萃取，以浸泡式冰釀法為例，即是將咖啡粉泡在室溫水中，再放置於冰箱的冷藏室中慢慢萃取。

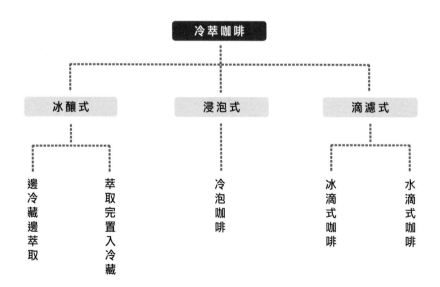

| 萃取物質：水滴式 > 冰滴式 |

依照上述分類，我們先來看前兩項——水滴式和冰滴式。這兩種萃取方式都適用相同器具來萃取（冰滴咖啡壺），不過兩者的萃取水溫不同。水滴式，以常溫飲用水來萃取（如果置於有空調處大概是 25～27℃左右）慢慢滴萃；冰滴式，則是使用冰塊水（冰塊融化後與水共存的狀態）來滴萃。我們知道冰水共存的狀態是 0℃，待滴落至咖啡粉和浸泡萃取的過程中再被室溫加溫，所以粉層的萃取溫度會由上而下遞增，但都是低於或遠低於室溫。

回到前面煮糖水的經驗，我們可以知道這兩個萃取方式，在相同粉水比和滴速的前提下，水滴式萃取出來的物質會比冰滴式所萃取出來的多，因為水溫較高的關係。至於滴速要多快呢？個人建議水滴式滴速不要快於每秒 1 滴，否則很容易塞住（入水多、出咖啡少）造成萃取失敗。而考量到冰滴萃溫較低，若滴速快則萃取會更少，可以試著 3 秒 1 滴，甚至更久（依照冰融化的速率）來萃取。

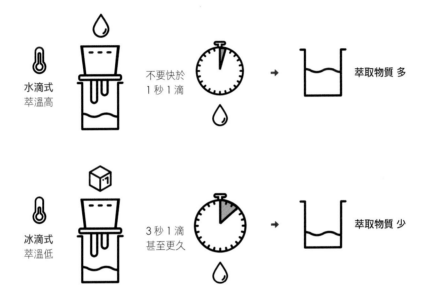

水滴式、冰滴式與萃取物質多寡的關係

水滴式
萃溫高

不要快於
1秒1滴

→ 萃取物質 多

冰滴式
萃溫低

3秒1滴
甚至更久

→ 萃取物質 少

▏發酵風味：水滴式 > 冰滴式 ▕

做冷萃咖啡時，萃取溫度除了對萃取咖啡粉中物質的多寡有影響外，對發酵作用有更大的影響，而發酵作用是造成冷萃咖啡具有特殊風味最重要的一環。

生活中的空氣裡有許多微生物，這些微生物落在食物上會造成食物的發酵作用，而我們有很多好吃的食物就是靠發酵而來的，例如：麵包、臭豆腐、起司、酒類製品…等。影響發酵作用很重要的因素之一就是溫度，以酵母菌而言，超過 47℃ 可能會死亡，而 0℃ 時會停止發酵。酵母菌最適合生長的溫度大約在 30℃，以 0 ～ 30℃ 之間的溫度來看，越接近 30℃（相對高溫）發酵作用會越旺盛，溫度越接近 0℃（相對低溫）則發酵作用越減弱。這就是為什麼我們把食物放在冰箱可以保鮮的關係。

同樣的，因為萃取溫度的關係，水滴式萃溫會高於冰滴式萃溫，所以從溫度對發酵作用的影響上來說，水滴式冰咖啡的發酵作用會大於冰滴式冰咖啡。再者前面說到水滴式萃取物質多於冰滴式萃取物質，從發酵的角度看，水滴式可被發酵的東西也比冰滴式多，所以喝剛滴好的水滴式冰咖啡時，它的酒香氣會比剛滴好的冰滴式冰咖啡重很多。

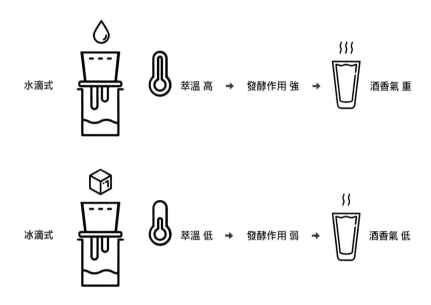

水滴式、冰滴式與發酵作用的關係

水滴式　萃溫 高 ➡ 發酵作用 強 ➡ 酒香氣 重

冰滴式　萃溫 低 ➡ 發酵作用 弱 ➡ 酒香氣 低

｜ 滴完甚麼都不加，直接裝瓶密封放冷藏室保存 ｜

　　滴完水滴式和冰滴式咖啡後，甚麼都不添加直接裝瓶密封，放入冰箱冷藏室中保存。如果滴完直接暴露於空氣中，放室溫不密封不冷藏，夏天可能兩天就發黴不能喝了（表面會有一層橘紅色或綠色……依菌種不同而有不同顏色的黴菌），冬天可能可以多放兩天，但是放四、五天也就開始發黴不能喝了，所以不論是

水滴式還是冰滴式，滴完甚麼都不加直接裝瓶密封，並放在冰箱冷藏室保存。為什麼甚麼都不要加呢？因為加了糖、奶後更容易腐壞。有朋友做過實驗，將滴好的冰滴咖啡封存，並放在冷藏室中長達一年，一年後開封喝，不只沒壞風味，還甘醇無比。

溫度越低，則萃取和發酵速率會越低，越需要時間

冰釀式的定義就比較廣了，一類是萃取完後放在冰箱冷藏室裡低溫發酵釀造，一類是全程都放在冰箱冷藏室裡低溫萃取和發酵釀造。

前面我們說的水滴或冰滴咖啡，滴完再放冷藏的步驟，除了保存作用之外，也有持續低溫發酵的作用，所以也可算是冰釀的一種，可以稱它為第一類冰釀式咖啡。

第二類冰釀式咖啡是放在冷藏室萃取和發酵，這類的方式就更多更廣了，舉凡用冷泡壺放冷藏室萃取、用濾茶袋泡在壺裡放冷藏萃取，或是將整座冰滴壺放在冷藏室邊冷藏邊萃取……等等都算。因為這種萃取方式從頭到尾都是恆低溫，以相同的萃取時間來說，萃取出來的風味會最少，所以需要更多時間來浸泡萃取和發酵。

4 攪拌程度

如果煮兩鍋糖水，兩鍋的糖顆粒粗細、糖水比、煮糖溫度這些條件都一樣，但是一鍋煮的時候有攪拌，一鍋不攪拌，則攪拌的那鍋糖溶解時間會比不攪拌那鍋短。也就是相同單位時間內，有攪拌的萃取率會大於無攪拌的或攪拌少的。

攪拌這個變因在三種萃取法中只和第二類冰釀式的低溫浸泡法比較有關，也就是用冷泡壺或濾茶袋這類以浸泡而非滴漏的萃取法。

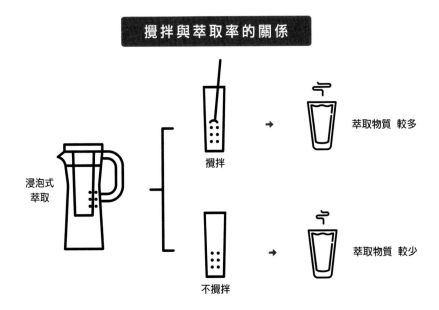

攪拌與萃取率的關係

浸泡式萃取

攪拌 → 萃取物質 較多

不攪拌 → 萃取物質 較少

　　浸泡時一開始很容易將咖啡粉內的物質萃取出來，但隨著時間增加，本來的水（純溶劑、低張溶液）會開始變成有點咖啡味的水（濃度增加不再是純水），當萃出來的咖啡液越來越濃，水趨向等張濃度時，咖啡粉裡的物質就很難再析出來了，這時如果去攪拌它可以幫助咖啡粉裡還沒被抓出來的物質被溶解出來。例如：我們用水（低張溶液）來泡茶，水一沖下去，很快的茶葉內物質就被溶解出來，水就變茶色了，但如果是用熱牛奶去泡茶，因為牛奶屬於高張溶液，所以茶葉不是那麼好萃取，將需要更多時間浸泡，這時如果加以攪拌就可以幫助加速萃取。

**　　每隔幾小時，將冷泡壺盛粉器或濾茶袋拿出來，拉動並攪拌幾下有助萃出。**

　　因為冷泡壺或濾茶袋浸泡這兩種方式，從頭到尾都是放在冷藏室中低溫浸泡萃取。我們已知溫度越低萃取速率也越慢，若在萃取過程中適時攪拌一下可以幫助萃出。那攪拌強度要多少呢？其實也不需要很劇烈，只要浸泡每幾個小時後，將冷泡壺的盛粉器或濾茶袋拿起來再放下，再拿起來再放下去，如此重覆幾次就好。這動作最主要是讓壺內的濃度均勻，避免粉附近已是等張濃度，而遠離粉的水還是較低張的不平均狀態。一旦讓粉周圍的咖

啡液濃度降低,那麼粉內又可以有新的物質繼續被萃出,次要才是攪拌粉和水以增加萃出。

現今市面上有利用強力攪拌的方式加速萃取以降低整體冷萃浸泡時間的器具。這類型器具做出來的冷萃咖啡比較淡雅,和其他需要依靠時間浸泡使風味較濃醇的冷萃咖啡不同。

5 萃取時間

假設我們把前面 1 ～ 4(研磨粗細、粉水比、萃取溫度、攪拌程度)的條件都固定,則萃取時間越長,萃出的物質就越多;萃取時間越短,萃出的物質就相對少。這個觀念相信蠻容易理解的,但是這個變因在冷萃咖啡的做法裡,主要是對浸泡式萃取法才有影響,是指第二型冰釀法中以冷泡壺或濾茶袋的萃取方式,因為以冰滴壺製作水滴咖啡或冰滴咖啡是屬於滴濾法(Water Drip),和浸泡法最大的差別在於,滴濾法是以一進一出方式萃取,也就是一滴低張溶劑滴進咖啡粉,萃取了咖啡後變成飽和溶液再滴出;而浸泡法是一次將所有粉和水放在一起泡,等到接近等張濃度時,咖啡粉內還沒萃出的部分就很不容易被萃出了。

舉個例:一間有前後兩扇門的房間,裡面放了 100 顆橘子,

讓小明和他九位同學共十個人去拿，遊戲規則是每個人都可以進去房間一次，而每個人最大的負荷量都是 10 顆橘子，從前門進去拿了橘子以後從後門出。如果一次只進去一個人，那麼每個人都會盡最大能力拿好拿滿 10 顆後走出來；但如果一次讓十個人一起進去拿，則大家覺得合力拿會比較多比較輕鬆，所以兩個人合抱一堆出來，但後來發現其實兩個人一起抱的容量只有 16 顆，因為兩雙手要空出來手牽手。

　　上面這個例子中，橘子是咖啡粉，小明和同學共十人是水，一次進一個人是滴濾法，可以每次都萃到最高點萃飽萃滿；一次十位一起進去是浸泡法，少了 4 顆是比喻接近等張濃度時，要再抓取咖啡粉內的物質就不好抓了。

　　滴濾式因為一滴一滴萃取，即使把每滴的時間間隔加長，但同溫之下，水的飽和度是固定的，且咖啡粉吸飽水後要有新的水滴進去才能「置換」一滴飽和的咖啡液，所以水滴式每滴的間隔時間拉長，對萃取而言影響不大；冰滴式每滴的間隔時間拉長，會造成萃溫稍微增加，對萃取會有點影響，但這個影響變因應該歸在萃取溫度改變造成。因為無限制的拖長每一滴的時間，只是讓冰滴式變成水滴式（冰塊都融化變室溫水），就失去了冰滴的

用意；相反的若是滴太快，當出不敷入時（滴出比滴入慢）就會塞住而滿出來造成萃取失敗，所以要滴多快也不大可能。

　　時間對滴濾式萃取法的影響有限，但對浸泡式的影響就比較明顯了。由萃取溫度可以知道第二型冰釀法中的冷泡壺或濾茶袋這類的浸泡萃取方式，因萃溫低將需要更多時間萃取才能做到類似水滴咖啡或冰滴咖啡的萃取濃度。例如：冰滴式萃取五人份大概需要 5 小時，那麼用冷泡壺或濾茶袋可能需要泡 12 小時才能達到類似的濃度。

萃取時間與萃取濃度的關係

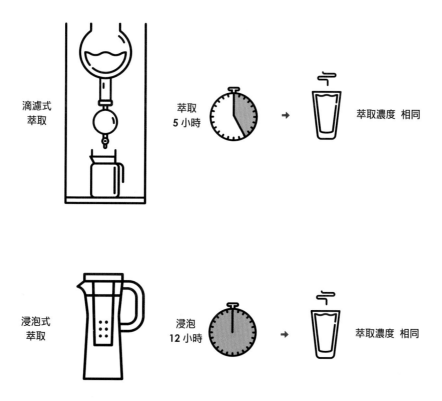

滴濾式
萃取

萃取
5 小時 → 萃取濃度 相同

浸泡式
萃取

浸泡
12 小時 → 萃取濃度 相同

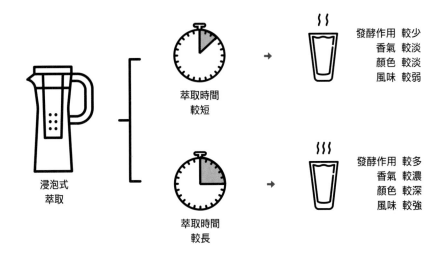

萃取時間與發酵作用的關係

萃取時間
較短

發酵作用 較少
香氣 較淡
顏色 較淡
風味 較弱

浸泡式
萃取

萃取時間
較長

發酵作用 較多
香氣 較濃
顏色 較深
風味 較強

　　時間除了對萃取有影響外，對發酵也有影響。時間越長發酵作用越多，酒香也就越明顯，而香氣會越沉，口感也偏向較重。另外可以觀察一下，將水滴或冰滴滴好的咖啡封存到冰箱中，冰釀時間越久，其色澤也會較深，會比剛滴出來的深，這也是低溫梅納反應的作用之一。

6 水

　　水是一杯咖啡裡組成佔比最大的部分，也是最難捉摸的部分。水和咖啡豆一樣，會因氣候環境而有差異。水會依照流經地質的不同，而有不同組成的礦物質、離子含量以及酸鹼度。平常我們用的自來水已經過自來水廠處理，但各地自來水因為水源不同而有不小的差異，例如：台北市的自來水來自翡翠水庫，其 TDS[4] 範圍約為 50 ～ 150mg/L；高雄市的自來水除了民生淨水廠以及多納淨水廠的 TDS 為 110 ～ 160mg/L（2018/4/10）之外，其餘淨水廠（這是指縣市合併前高雄市區的自來水）的 TDS 值大概介於 250 ～ 350mg/L（2018/4/10）。

　　前面我們提過，低張溶劑萃取效果比較好，那是不是 TDS 值越低萃取風味越好呢？答案是不一定。理論上水越純能溶出的東西應該越多，但我試過許多不同的水質做水滴冰咖啡，例如：以逆滲透水來萃取（TDS 低於 10mg/L），其香氣上揚，但是果酸尖銳、甜感低、body 稀薄；或者用台北市自來水並經過愛惠普

---

4 TDS 是 Total dissolved solids 的縮寫，中文是「總溶解固體」，單位為 mg/L，意思是每公升水中含有多少毫克的可溶性固體。

濾心過濾後的飲用水來萃取，香氣也是上揚，但甜感與 body 都比逆滲透水萃取的佳；或者如果一樣使用愛惠普濾心過濾高雄市鼓山區自來水做成的飲用水來萃取，香氣較沉，不如台北自來過濾水般上揚，但甜感與 body 厚實度都更好。

這個結果與之前用不同的水來製做虹吸熱咖啡的結果相同，所以可以借用煮熱咖啡的經驗做為冷萃咖啡的參考依據，以下就來看看做虹吸熱咖啡用水實驗的結果。

N 年前某個週六下午，台北市金華街巷子裡一間忙碌的咖啡店裡，上工遲到的吧檯手老王一進店內，面對吧檯內一堆虹吸咖啡點單二話不說就捲起袖子洗手，開始裝熱水、裝置濾器、磨咖啡豆、煮咖啡，準備出杯。老王習慣用聞香的方式出杯，但感覺很奇怪，為何今天這杯調配藍山聞起來怪怪的，不是平常的味道？煮完，老王依舊先嚐了一口。

「這啥鬼！！怎麼會是這個味道？！」老王心裡如此自語，把豆罐中的豆子拿起來看。

「沒錯啊！」老王一邊納悶，一邊趕緊倒掉重煮。

「怎麼還是這個奇怪的味道？！」重煮第三次，結果一樣。

「沒辦法我盡力了！」老王這樣對自己說。

點單一直進來，老王只好硬著頭皮出杯。等到接近晚餐客人比較少的時候，焦急的老王又再重新檢視一遍整個流程。

「奇怪沒有問題啊，該不會……是水？！」

想到這，老王馬上衝到附近的便利商店，買了一瓶之前測試過、覺得拿來煮 Kona 咖啡豆風味還不錯的進口礦泉水，回到店裡再煮一次，這次終於聞到熟悉的味道了。問了早班的夥伴才知道原來早上換過濾心。因為這次的經驗讓老王開啟了遙遙無期的水實驗……。

除了將當時市售的所有礦泉水都買來試煮咖啡以外，每次看到新的、沒試過的礦泉水也會買來煮看看、喝看看。一開始老王的經驗是，TDS 值較低的水喝起來較清涼輕盈，而煮出來的咖啡香氣較上揚、果酸較明顯、甜感較低、body 較薄。這個結論的命中率在當時老王的測試中幾乎達到百分百，所以老王一直這樣相信著，直到幾年後的一次經驗，打破了老王以為的答案。

那天老王來到台北某百貨公司的地下超市，如同劉姥姥進大觀園看到許多一般超市沒有的舶來品。逛到礦泉水區時，看到好

幾種沒看過的進口礦泉水，開心的花了一大筆費用，抱了好幾瓶進口礦泉水回去做實驗。沒有檢測儀器的老王，直接拿這些水來煮咖啡，再以嘴當測試儀器。其中一瓶標示硬度 [5] 2mg/L、pH 值 9 以上的鹼性礦泉水，煮出來的日曬哈拉摩卡咖啡風味超好，香氣上揚、甜感佳、body 中規中矩，不像逆滲透般稀薄。雖然它的標示沒有很清楚，但這杯咖啡除了讓老王喝了開心一整天，也感到驚訝「怎麼這麼軟的水可以有這麼好的表現？！」

因此讓老王對水產生兩個疑問：一‧因為 pH 值的關係而導致水雖軟但一樣有好風味嗎？二‧和水中礦物質組成成分有關？

然後老王就陸陸續續做了以下實驗。

---

5 水的硬度分為暫時硬度和永久硬度。暫時硬度可以經由煮沸，將水的硬度降低；永久硬度則必須透過離子交換的方式才能將硬度降低。暫時硬度 + 永久硬度 = 總硬度。

TDS、萃取率、口感之間的關係

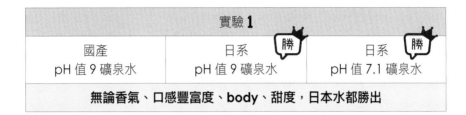

實驗 **1**		
國產 pH 值 9 礦泉水	日系 **勝** pH 值 9 礦泉水	日系 **勝** pH 值 7.1 礦泉水
無論香氣、口感豐富度、body、甜度,日本水都勝出		

實驗 **2**	
勝 西班牙無硬度標示（計算鈣鎂含量 為 15.3mg/L）、pH 值 6.5 礦泉水	英國硬度 178mg/L、 pH 值 6.8 礦泉水
西班牙水勝出（類似台北水口感）	

實驗 **3**		
美系無硬度標示、 pH 值 6.5 礦泉水	斐濟無標示礦泉水	日系硬度 130mg/L、 pH 值 6.4 礦泉水
都不如何,但日系這支純飲水很好喝		

實驗 **4**	
中部泡茶很棒的山泉水	台南市過濾水
台南市過濾水勝出	

實驗 **5**	
勝 台北自來水	台南自來水
台北自來水勝出（台南市自來水和高雄一樣 TDS 很高）	

實驗 6	
六龜山泉水	台南市過濾水
六龜山泉水勝出,也遠勝台北水 (但 88 風災那年 5 月枯水過後,之後再來的水就不好了)	

實驗 7				
日系硬度 59mg/L 礦泉水	日系硬度 21mg/L 礦泉水	日系硬度 10mg/L、 pH 值 7.1 礦泉水	日系硬度 16mg/L 礦泉水	義大利硬度 78mg/L、 pH 值 8.4 礦泉水
日系硬度 10mg/L、pH 值 7.1 礦泉水勝出 純飲硬度 10mg/L 這支水的口感比硬度 59mg/L 的 body 還稠, 且較不清爽(通常越軟越清爽,口感越稀薄)				

實驗 8	
實驗 1 的日系礦泉水	隔了一陣子再買同款 但不同批生產期的礦泉水 煮同一支豆子
與實驗 1 的結果相比,咖啡變不好喝	

實驗 9
用同一支水煮兩支不同豆子(哈拉摩卡和牙買加藍山)
一支好喝,一支不好喝

實驗 10		
下雨天的自來水	非下雨天的自來水 勝	旱季的自來水
煮出來風味都不同，下雨天和旱季的水都不如平日的好喝。		

實驗 11	
新換濾心過濾的水	用舊濾心過濾的水
不一定哪個好喝	

實驗 12	
實驗 7 的水	高雄鼓山過濾水
雖然香氣與亮度（果酸）是實驗 7 的那些水比較好，但在甜度、body、餘韻以及平衡的表現上，高雄鼓山過濾水比較好	

由以上的實驗我們可以發現以下一些推測：

推測 1

　　從**實驗 1** 可以知道 pH 值並不是影響風味最主要的原因，那麼就邁向第二個假設是水中礦物質組成成分造成的影響。逆滲透是把水中的物質都濾掉，而從經驗知道以逆滲透水萃取出來的咖

啡風味沒有比自來水萃取的咖啡來得好喝，這代表水中的物質對於萃取咖啡的好風味有一定程度的幫助。

推測 2

從**實驗 2、實驗 3、實驗 5、實驗 7**中知道，水中礦物質與離子不是越多越好，而是這些物質有些會幫助好的萃取，有些則是不好的萃取。

推測 3

實驗 7中，硬度較低的礦泉水在萃取上勝過其它硬度較高的礦泉水，而純飲時口感也較其它為稠，可以推測是因為其礦物質或是離子組成（或是比例）所造成的。

推測 4

從**實驗 6、8、10、11**中可以知道，水一直在變，甚至原本我們以為製程都相同的濾心過濾水喝起來應該都一樣，但有時候換到「濾心王」濾出來的水特別不好喝，會一直不好喝直到換下一支濾心才有所改善，咖啡豆的狀態也是每天在變，所以第一個結論是：**變是唯一的不變。**

推測 5

　　從**實驗 4**、**實驗 9** 中可以知道，適合泡茶的水不一定適合泡咖啡；適合 A 豆子的水不一定適合 B 豆子。因為豆子內組成成分不同，水中物質能抓出來的風味組成與比例就不同，所以第二個結論是：**別人的菜不一定是我的菜，你的解藥可能是我的毒藥。**

推測 6

　　實驗 12 中，雖然各種水萃出的風味各有千秋，但最後我會選擇喜歡的風味來呈現，所以第三個結論是：**個性決定命運。**

　　然後又發現了一個麻煩的狀況，就是每個地方礦泉水標示的內容不同。日系大多標示的是硬度而非 TDS 值，歐美系有的標示硬度、有的標示 TDS 值。由於標示的不同，所以推測 3 中會有硬度低，但口感稠度卻比較高的情形發生，因為硬度和 TDS 值是不同的。硬度主要指的是鈣鎂，但 TDS 值還包含其它有機物和無機物等，只要能溶於水中的都算在 TDS 值內。雖然標示不同增加比對歸納上的困難，但以 TDS 值測式筆檢驗後發現整體大方向不變，就是 TDS 高者、body 感會比較厚，TDS 低者、Body 感較輕薄，但風味不一定何者較好。

　　這又衍生出另一個問題，即 body 厚實是因為原萃取水中 TDS 所造成？還是水中礦物質將更多咖啡粉內的東西抓出來所造成？還是兩個現象都有且彼此還有一定程度的加乘效果？這還有待大家繼續研究。

TDS 高者 body 較厚、TDS 低者 body 較薄。

　　綜觀以上的經驗，雖然日系礦泉水萃出好風味的機率遠大於歐美系礦泉水，但把煮摩卡好喝的水拿來煮藍山也一定好喝嗎？不一定！今天的水煮出來很棒，明天也能一樣好嗎？不一定！這支濾心濾出來的水很棒，但用了一段時間該換了，下一個新的濾心濾出來的水一樣好嗎？不一定！水中各物質對萃取上有甚麼關係呢？這些物質彼此有競合關係嗎？是單純在萃取時有影響？還是萃取之後又會和萃出的物質再做結合以增強或降低風味感受呢？假設這些物質對萃取的影響都一清二楚了，可是各種豆子所含可被萃出的物質不同——可能天生基因造成、可能種植時造成、可能後製法造成、更可能是烘焙時（手法或烘焙深度）造成。面對這些不確定要怎麼選擇呢？那就反璞歸真吧！用手邊最方便又經濟實惠的自來水。所以最後的結論是：**如果不知道該謝誰，那就謝天吧。閱讀到這裡有沒有覺得咖啡很像人生呢？**

有關水的部分，這幾年越來越多先進在研究，這是一個非常大的面象。雖然老王最後消極的下了「謝天」的註腳，但進一步深入研究和收集大數據，確實可以幫助我們在萃取上更為穩定。在答案更明確之前，還是建議大家用手邊最經濟實惠的「自來水」煮沸後放涼或製成冰塊來做為冷萃咖啡的溶劑。至於需不需要過濾都可，只要不經過逆滲透就好。此外，不同濾器或濾心過濾出來的效果會不同。**凡走過必留下痕跡以及老天的安排就是最好的安排。**

CHAPTER 2

COFFEE FLAVOR
冷萃咖啡風味的
影響因素

　　從咖啡品種、後製法、烘焙深度到冷萃時的過濾材料，都是影響冷萃咖啡風味的關鍵。以下將逐一分析，當這些關鍵了解之後，在萃取時更能成功掌握，得到最佳的風味。

▊ 咖啡豆品種、後製法、烘焙深度與風味的關係 ▊

　　國外有間名為「Café Imports」的咖啡公司幾年前曾繪製了一張有關咖啡品種的樹狀圖，將大部分平時會碰到的咖啡品種繪製出來，是我覺得目前最棒的咖啡品種樹狀圖。除了可以一目了然表面上的關係，各品種間的愛恨情仇、錯綜複雜的多角關係也一併攤在陽光下。咖啡豆是農產品，也是全世界僅次於石油的第二大貿易商品，由於咖啡是熱帶植物，適合生長的環境介於南北回歸線之間（俗稱咖啡帶），全世界那麼多的需求量，但種植範圍卻這麼有限，所以各咖啡產國一直致力於品種改良，期望能培育出風味更好、抗病力更強、環境適應力更好、產量更高的品種，但咖啡樹並不是今年種明年就可以收成，通常需要種植 3 ～ 5 年後才能開始量產，所以隔一陣子就會有新的品種冒出來，但常見的主力品種在這張圖中大概都找得到。

　　國中時的生物課有提過，在生物的分類上，從包含最多物種的大範圍，一層層依照不同特徵往下細分成不同的層級，依次為界、門、綱、目、科、屬、種。界是包含最多最廣的物種分類層級，所以同一界中隨便抓兩個生物，其血緣關係很遠的機率很大；種是分類層級中很末端的位階，在這個位階中兩個生物間的血緣關係是比較接近的。舉個例：日常生活中我們大概都會用到交通工具，而交通工具是非常籠統的稱呼（屬於較高、包含較多物種的階層）舉凡汽車、機車、腳踏車、黃包車、飛機、船⋯等都是，

其中若依照能量提供的方式分類，可大致區分為用汽油的、用獸力、或人力的、或使用自然環保能源的（風力、太陽能、水力）……等，那麼交通工具這個位階就是「界」。其中依照動力來源分出來用汽油的，屬於「門」的位階，假設叫汽油門，那吃獸力或人力的也是屬於「門」的位階就叫獸力門，用環保能量的也就叫環保門，在分類上這三個門就處於同一個位階。然後我們再從門這個位階往下再細分……，依此類推，所以被分到越下面位階的同一群物種，他們的血緣關係會越相近。而各階層之間還可以依更細的分類，再插入介於兩個位階之間的一層（有點像樓中樓的感覺），這類位階前面會加個「亞」字，例如：亞綱就是介於綱和目之間的位階，意思是亞綱裡的物種，彼此血緣關係沒有「目」這個位階裡的那麼近，但又比「綱」這個位階裡的近；那「亞種」就有點像兩台車都是 Honda CRV（同種），但一個是一般款，一個是小改款的意思。

鋪了那麼久的梗，目的是有了基本概念後，看下面這張樹狀圖就比較能了解想要表達的是什麼。咖啡是茜草科（Rubiaceae）咖啡屬的植物，咖啡屬下有很多品種，被我們拿來做為飲品的主要有三個品種 —— Liberica（常譯為賴比瑞亞種 C.Liberica）、

Arabica（常譯為阿拉比加種 C.Arabica）、Canephora（常譯為康乃佛拉種 C.Canephora）。其中 Liberica 種（圖最左邊那個枝幹，底色為鮮黃色），氣味強烈特殊、咖啡豆個頭很大，飲用國家很少，多為南洋朋友在飲用；而隸屬於 Canephora 旗下（圖最右邊枝幹，底色為紫色、淺紫色和淡紫色的都有這個血統）的 Robusta 種（常譯為羅布斯塔種），風味特色是絕對不會酸、聞起來就是印象中的咖啡味（即溶咖啡聞起來的味道）、body 厚實、油脂豐富、穀類或麥類或牛皮紙袋味、味苦，一般拿來做配方豆、平衡風味用，鮮少單獨飲用。

Robusta 苦而不酸、油脂豐富、body 厚實；Arabica 帶花果、堅果、可可香與果酸。

另外，這幾年大家在電視廣告上常聽到的就是 Arabica 種，其實市面上能叫的出名字的咖啡豆大概都是這個品種（圖中扣掉最左邊和最右邊的枝桿，中間那一大群綠色、橘黃、黃綠色和橘紅底色的都是），例如藍山、可娜（Kona）、葉門、爪哇、藝伎或稱瑰夏（Geisha）、衣索比亞當地原生種……等都可以在圖中間找到。Arabica 種的風味特色是帶有花果、堅果、可可等香氣以及果酸。這張圖中越接近樹根的就代表越接近「科」的層級（越

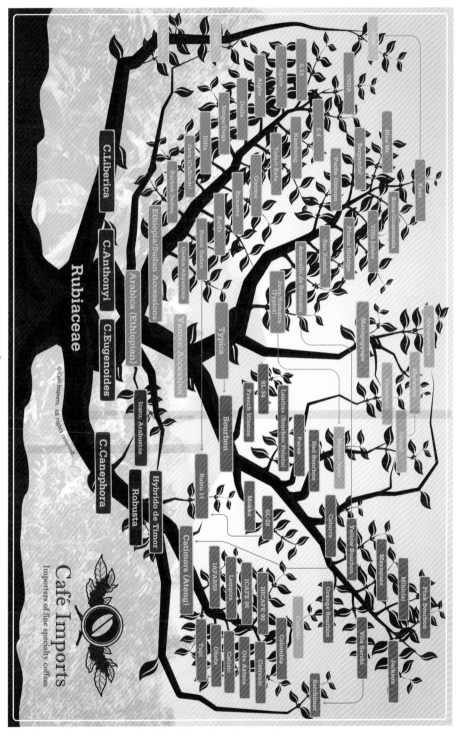

資料來源／「Café Imports」

咖啡品種樹狀圖

古老原始的品種），相反的越接近樹梢的就是衍生種或新孕育的品種。中間有些連來連去的線就是彼此間的愛恨情仇，誰和誰有了戀情而生了誰……這類的。舉例來說，圖中右方 Robusta 枝幹上可以找到一個叫 Ruiru11 的品種，這個品種身上有兩個箭頭且位於 Timor 這支的末端，意思是綠色的 Rume Sudan、橘色的 SL-28、紫色的 Timor 三個剪不斷理還亂的三角戀，在翻雲覆雨後誕生了 Ruiru11。所以箭頭的源頭是親代，也就是基因提供者。

不同品種的咖啡豆有不同的風味走向，例如 Geisha 種會有比其他品種明顯的花香和柑橘調；Yellow Bourbon 種嚐起來比一般 Bourbon 種甜。

上面說的是品種對風味的影響，但影響咖啡豆風味的不是只有血統，咖啡樹的生長環境對風味的影響比血統還重要。就像我們生下來 DNA 已經定了，理論上高矮胖瘦應該就固定了，但是實際上的身材卻會深受飲食、運動、睡眠……的影響，所以咖啡農在種植時，土地區塊的選擇（地塊所在地的氣候與岩石組成會造成土壤中礦物質含量比例不同，礦物質含量比例的不同會造成植物生長以及風味組成上的差異）以及海拔高度、雨量是否為迎風面……等，這些環境條件都直接影響咖啡樹的生長與風味。

提到蔥，我們會想到宜蘭三星；提到文旦，我們會想到麻豆；而提到梨山，我們會想到許多高冷蔬果比低海拔種植的都還要好吃，這些都是生活中環境影響植物風味的例子。

此外植物會被環境馴化，所以原生血統也會慢慢的衍生出特有種、亞種，這也是環境對植物長期影響後的結果。如果大家留意一下咖啡店菜單上有關咖啡豆的名稱會發現，第一個映入眼簾的是國名，再來是產區名，這就是因為該產地的環境與氣候讓這個豆子有該產地的特有風味──亦稱地域之味（Terroir），所以常聽到有人喝了一口咖啡後說這是非洲豆或這是亞洲豆，就是這個原因。

另外是否有好好照顧 (有無遮蔭、施肥、蟲害疾病防治…)，乃至後來採收後的處理法，這些人為的行為也都會對咖啡風味造成很大的影響。所以咖啡是很細膩的，從生長源頭到拿在手上的這杯咖啡，所有過程中的每個環節造成的結果，就堆積成最後喝到的咖啡風味。

二十多年前各咖啡產地的 Terroir 很明顯，也容易分辨，例如：非洲豆充滿水果香、中南美洲豆帶有明顯堅果調，但這十多年來精品咖啡崛起，咖啡豆的 Terroir 已經越來越模糊，沒以前那

麼顯著了。可能明明是印尼的咖啡豆,喝起來卻像中南美洲豆;或是中南美洲豆,喝起來像非洲豆,造成這個情況的原因除了品種改良外,影響最大的莫過於生豆後製法的改進。

▌ 咖啡豆後製法對風味的影響 ▌

傳統上生豆摘採下來後製,依照當地氣候狀況可分為日曬法(Nature)與水洗法(Washed)。簡單來說,雨量少的地方傳統上會用日曬法後製,常下雨、天候不穩定的地區傳統上會用水洗法後製,就像新竹風大所以做米粉並以米粉出名,台南關廟因日照充足製出有名的關廟麵,都是依照當地氣候狀況而發展出來的食物。水洗法因為經過水槽浸泡、微生物發酵(類似做濕式發酵醬油),所以風味比較清爽、果酸相對明顯、香氣偏輕香型;而日曬法因為連著果皮果肉一起曬,豆子有更多時間接收到果皮和果肉中的養分和糖分等物質,且沒有被過多的水浸泡(類似做乾式發酵醬油),所以果酸較水洗法不明顯、風味較濃郁、香氣偏醬香型。

雖然日曬法風味佳,但日曬法需要較多人力照料,一不小心翻動不均勻或是變天來不及收的狀況發生,很容易造成之後做好的成品口感乾淨度或風味不好;相反的,水洗法因泡在水槽內經

過發酵以及清洗，成品通常乾淨漂亮，但也因為泡水處理以及發酵，微生物所產生的乳酸或醋酸會使豆子的果酸較明顯，而且會讓風味較乾淨但會折損[1]，和日曬法比較風味就差了一截，因此出現了第三種方式——半水洗法，目的就是希望能做出兼顧水洗法的乾淨口感與日曬法的豐富風味。只要不是傳統日曬或水洗後製法，其它後製法都算是半水洗法，做出來的效果也大概就是介於日曬和水洗兩者之間，也就是比日曬乾淨、比水洗豐富。

所以，水洗法風味輕盈、果酸較明顯、香氣屬輕香型、body較輕；日曬法風味濃郁、果酸較不明顯、香氣屬醬香型，帶明顯發酵香氣、body較厚；半水洗法風味介於日曬法與水洗法之間。

---

1 我們是以水來萃取咖啡，而不是用有機溶劑萃取，因為發現「水」就可以把咖啡內的物質萃出，因此不論是咖啡生豆或是咖啡熟豆，只要泡了水，咖啡豆內的可溶物質就會被溶出。也因為這個原理，傳統上以浸泡咖啡生豆達到去除咖啡因的「瑞士水處理法低咖啡因豆」其風味也較少。

▌ 咖啡豆烘焙深度對風味的影響 ▌

　　冰、熱咖啡是用烘焙好的熟豆來萃取的，加入了烘焙這個因素後風味會有點改變，但還是會依生豆品種及後製的風味方向走。不過，烘焙對 Robusta 種比較沒有太多影響，因為 Robusta 的風味就是麥香、穀物味、不會酸、會苦。Robusta 種的豆子不管烘焙度再怎麼淺都不會酸，但焙度越深的 Robusta 豆，油脂感與 body 會越明顯、苦味也會越強烈。

　　但是烘焙對 Arabica 種的風味會有比較大的影響。Arabica 種做淺烘焙時，香氣會強調花果香，口感會強調果酸的酸甜震。如果做深烘焙，則花香會變不明顯（因為小分子物質最容易散佚），而果香會保留一些，但果酸也會降低[2]，取而代之的是苦韻會增加，body 相較於淺焙也會厚一點。由於咖啡豆是種子，種子的油脂都會比植物其它部分豐富，所以不論哪個品種的咖啡豆，只要焙度越深，油脂就越會表現在豆表和口感上。就像炒花

---

2 理論上焙度較淺的 Arabica 豆，果酸會比烘焙較深的來得較明顯，但有時會發現怎麼中焙的 Arabica 豆比極淺焙的酸？這是因為豆子本身含有的蘋果酸、檸檬酸會被高溫破壞，但其他因烘焙後化學反應所產生出來的酸，在一爆末中焙時達到高峰，所以反而比極淺焙酸。

生一樣，輕焙的五香花生看起來乾乾的，吃起來也不油膩；炒得比較深一點的蒜頭花生就面泛油光，吃起來油脂感與花生香氣也比較重。

所以，**淺焙口感，較輕盈、偏果汁感、果酸較明顯、花果香氣上揚、聞起來不像印象中的咖啡。深焙口感，較厚重濃郁、香氣較沉、聞起來比較接近印象中的「咖啡味」。**

咖啡與產地、品種、後製與烘焙等這些因素交互作用後產生的風味非常複雜，實在很難以一言蔽之，以下就很簡略的將它們彼此的影響歸納成圖表。

後製法、焙度對風味的影響

 日曬

風味濃郁・BODY 厚實・發酵香氣明顯

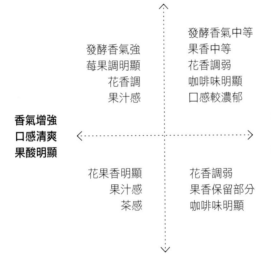

發酵香氣強
莓果調明顯
花香調
果汁感

發酵香氣中等
果香中等
花香調弱
咖啡味明顯
口感較濃郁

 淺焙
香氣增強
口感清爽
果酸明顯

深焙
香氣降低
口感濃郁
苦味明顯

花果香明顯
果汁感
茶感

花香調弱
果香保留部分
咖啡味明顯

風味清爽・BODY 稀薄・果酸明顯

 水洗

所有咖啡豆都適用冷萃法萃取。冷藏越久，小分子風味越不易感受。

　　那麼冷萃咖啡適合用甚麼豆子？都可以。冷萃咖啡因為萃取溫度不像萃取熱咖啡那般高，不易將雜味、苦味萃出，所以冷萃法會將豆子的後製法與烘焙度忠實地反應在風味的表現上，因此選擇什麼後製法或什麼焙度的咖啡豆都可以，但是小分子風味容易散佚，所以冷萃完的咖啡雖然冰存於低溫冷藏室中，但是花香這類小分子的風味還是會因儲存時間越久而越不明顯。

▌ 過濾咖啡的材料對風味的影響 ▌

　　除了上述原因會影響冷萃咖啡的成品外，做為阻擋咖啡粉的過濾材質也會影響最後的口感。如果用濾紙過濾，咖啡液口感會比較輕盈；如果用金屬濾網、樹脂濾網過濾，口感最豐富，可能還會喝到細粉；如果用濾布、法蘭絨布一類的過濾，口感則會介於兩者間，有油脂、口感圓潤又乾淨。想像一下篩麵粉的篩子，篩孔大，就算結成小塊的麵粉都可以通過，相反的若是篩孔越細，則只有細的麵粉可以過篩。濾紙的孔洞最細，所以油脂都被擋下來過不去，口感就最輕盈，像茶一般；濾布類的孔洞稍大，油脂可以通過，但細粉無法通過，所以口感比較濃郁、圓潤，但乾淨；濾網類的孔洞最大，保留最多萃取物質，不過杯底部分可能喝到細粉。

　　所以，濾紙過濾，口感乾淨、清爽、無油脂；濾布過濾，口感有油脂感、豐富、乾淨；濾網過濾，膠狀物保留最多，但可能會有細粉。

CHAPTER 3

COLD BREW COFFEE

三種冷萃方式
造成的口感差異

因為各種萃取條件不同，也就造成各種特有口感。以同一支豆子、相同冷藏保存時間而言，水滴法的萃取溫度相對高，萃取出來的東西相對多，口感相對豐富濃郁，發酵作用較強，所以整體表現較豐富濃郁、發酵香氣強，類似威士忌原酒的感覺。

冰滴法因為萃取溫度相對低，所以溶出來的風味會較水滴法少，造成較清爽、乾淨的口感[1]。因為溶出來的風味較水滴法少一些，發酵程度也弱一些，所以香氣表現會比較輕盈上揚，類似雞尾酒般清爽口感。

第二型冰釀法（浸泡式）的風味會類似冰滴法，但由於萃取環境（恆低溫）以及採用浸泡式的關係（萃取率較滴濾式低），所以整體萃出的風味是三者中最輕的，發酵度也最低，但製作上

---

[1] 口感豐富和口感雜、口感乾淨、風味貧乏是不一樣的意思。通常雜味是指讓我們感到不悅的風味，例如：澀、風味雜亂不清晰，甚至舌面會有顆粒感……這類的感受。一杯好咖啡應該做到豐富而乾淨，但很多朋友容易誤將「風味貧乏、空洞」誤以為是乾淨，而將風味豐富誤認為是雜，這就需要多喝多累積經驗值了。以水洗豆和精製日曬豆來比較，也因為水洗豆的風味比精製日曬豆少，所以會有水洗豆比較「乾淨」的感覺。就如同照相時，當背景比較少時會覺得畫面比較乾淨，但這不代表精製日曬豆口感雜，其實是「豐富」不是雜，精製日曬豆口感一樣很乾淨。

最方便，可以大量製造。市面上這兩年蠻夯的「氮氣咖啡」，其咖啡體很多是以這種方式製作，然後再打入氮氣，利用氣體讓咖啡液中的香氣更容易被感受到，和泡沫紅茶「shake」的這個步驟一樣，用以增加茶香氣。

三種冷萃方式的口感差異

水滴法	冰滴法	冰釀法
溫度高	溫度低	浸泡式 恆低溫
萃取率最高 發酵作用最強 口感豐富濃郁 類似威士忌原酒	萃取率高 發酵作用強 口感清爽香氣上揚 類似雞尾酒	萃取率最低 發酵作用最弱 製作最方便 容易大量製造 類似冷泡茶

三種冷萃方式的風味比較					
萃取條件	水滴式和冰滴式萃取時間約 5 小時 冷泡壺和濾茶袋放置冰箱冷藏室冷泡 12 小時				
	萃取溫度	**發酵程度**	**萃出物複雜度**	**口感**	**發酵香氣類型**
水滴式	較高 （室溫）	最高	最多	最濃	醬香型
冰滴式	較低 （低於室溫）	次高	次多	次濃	輕香型
第二型冰釀式 （冷泡壺）	恆低溫 （冷藏室溫度）	很少	較少	一般	不明顯
第二型冰釀式 （濾茶袋）	恆低溫 （冷藏室溫度）	很少	最少	最清爽	不明顯

▌ 冷萃咖啡的咖啡因是否比較低？▐

　　下面表格是有關溫度與咖啡因的溶解關係圖。咖啡因是可溶於水的物質，通常以無結晶水或是一個結晶水的形式存在。純咖啡因是白色粉末或是白色針狀結晶，無臭、味苦。由圖中可知，即使在 0℃ 時，咖啡因的溶解度都還有超過 500mg/100ml。韓懷宗先生的《咖啡學》一書中有提到，羅布斯塔（Robusta）種咖啡豆的咖啡因含量約為重量的 2%，而且大約是阿拉比卡

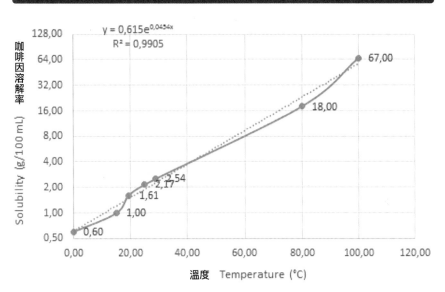

節錄自網站 Amazing Food Blog
（www.amazing-food.com/caffeine-solubility-content-coffee-beans-extraction/）

（Arabica）種的兩倍。以 R 豆來算好了，100g 羅布豆的咖啡因含量為 2g（2%），以 0℃、100ml 冰水共存的狀態下，萃取出來的咖啡因比較低（只能萃出 0.6g）。但是，之前我們有提過粉水比，100g 的豆子不會只用 100ml 的水（即 1：1 的比例萃取），至少都會用 1：10 的比例，所以即使是 100g 的羅布豆，以 0℃、1000ml 冰水製作冷萃咖啡，咖啡因還是會盡數析出，所以冷萃咖啡的咖啡因並不會因萃溫低而變得比較少。而且這裡

的咖啡因含量是以生豆來計算，生豆的咖啡因比烘焙後的多，也就是說經過烘焙的咖啡豆其咖啡因會變少，烘焙越深，豆內所含咖啡因含量會越少[2]。

一般日常生活中的物質有三態變化：氣態、液態（熔融態）、固態這三種型態，例如：水蒸氣（氣態）、水（液態）、冰（固態）。日常在一大氣壓的條件下，可以觀察到水的三態變化，但咖啡因只有固態和氣態，沒有熔融態，因為咖啡因在 178℃ 下會直接由粉狀或針狀固體直接昇華成氣體。咖啡烘焙的溫度隨便都是 190℃ 以上，所以烘越深咖啡因越少的這一派理論基礎是建立於此。有自己玩烘豆的朋友一定會留意到，烘豆機的排煙管中或是排煙口周圍，在烘焙一段時間後會有像棉絮、帶點黃色或白色的結晶，這些就是咖啡因從咖啡豆內遇熱昇華出來後再遇冷（低於昇華點）凝結成的咖啡因結晶。而顏色會有點黃非純白，是因為被烘出來的其它物質染色，所以有點黃。

2 咖啡因與烘焙深度的關係在咖啡界討論了很久，目前有兩派：一派是烘焙越深咖啡因含量越少；一派是烘焙深淺對咖啡因含量沒有影響。會造成這兩派不同看法的原因，一是咖啡因會昇華，一是實驗方式的問題。

另一派認為咖啡因與烘焙深淺無關，是因為在他們的實驗中，同樣取 10g 深焙咖啡豆和 10g 淺焙咖啡豆，兩者製作的萃取液其咖啡因含量無顯著差異，原因在於實驗方法造成這個結果。因為同體積下，烘焙越深的豆子越輕，烘焙越淺的豆子越重。實驗都是取等重的熟豆來萃取，深焙豆勢必會用到比較多豆子，做出來的咖啡因含量因此差不多則可以理解。那到底孰是孰非呢？藉由下面這篇文章得知——烘焙越深的咖啡因含量越低。

我們知道茶葉也含有咖啡因，這篇本來是要探討茶葉發酵作用對咖啡因含量是否有影響，但在實驗過程中意外發現福建烏龍茶咖啡因含量最低，以下文章節錄自第十三屆國際無我茶會暨國際茶文化節論文集——許偉庭博士發表一文）

「幾乎大部分的茶類不論是黑茶類、綠茶類、紅茶類，其咖啡因含量都相差不大，也就是普洱茶（22.4 mg g-1）或是紅茶（21.6 mg g-1）與綠茶類（23.0~29.6 mg g-1）並未有太大的差異性，但烏龍茶類則咖啡因含量較低，其中又以福建烏龍（7.44 mg g-1）最為明顯，主要是因為福建烏龍的製作工序相較於綠茶類、紅茶類、黑茶類較不同的是烏龍茶，會經過焙火的製作過程產生香氣的轉化，咖啡因經過長時間的高溫焙火，會被揮發並帶出茶乾；仔細觀察焙火機的排風口其實也可看出端倪，在排風口往往都可看到有白色結晶物附著，嘉義縣梅山鄉茶農林廣立、許秀緞夫婦亦曾經將此白色結晶交由茶業改良場魚池分場，並轉交由東海大學化驗，確定此結晶物為咖啡因，由此相互佐證，透過高溫的焙火過程能有效的將咖啡因帶出茶葉體之外。」

同理，咖啡豆內的咖啡因也會因烘焙昇華而離開豆體，所以烘焙溫度越高，並於昇華點或在高於昇華點的溫度停留時間越久，都會造成咖啡因含量越少。

　　所以，冷萃咖啡的咖啡因含量並沒有比較少。但是咖啡豆烘焙越深，咖啡因含量越低。

CHAPTER 4

STEP BY STEP
冷萃咖啡製作過程

冷萃咖啡因為長時間低溫浸泡，加上有微發酵作用，所以口感溫潤、醇感佳，甚至帶有發酵的酒香氣且忠實反應出豆子的風味。不論淺焙豆還是深焙豆、單品豆或是配方豆、日曬處理豆或水洗處理豆，都可一嚐究竟。尤其製作方式簡便，技術門檻低，只要粉水比對了，製作流程沒問題，人人都可在家操作，輕輕鬆鬆就有上咖啡館般的享受。要怎麼操作呢？下面分享四種冷萃咖啡做法。

這邊依照前面提到的萃取原理分別介紹水滴式、冰滴式、第二型冰釀式冷泡壺法以及濾茶袋浸泡法。

▐ 冷萃咖啡使用工具 ▐

製作冷萃咖啡沒有想像中的難，也不需要太多工具。只需要一個冰滴壺或冷泡壺，甚至只有一個平常的有蓋咖啡壺就可以完成。其他簡便的小工具，可以使用咖啡專用的，或利用家中現有的用具取代，如咖啡磨豆機以手動磨豆機取代，或者請咖啡販售店家先磨好；如咖啡匙，用一般用餐湯匙即可。準備好這些工具就能動手玩。

Hario1000ml 冷泡壺

專門為冷泡咖啡而設計的冷泡壺，其濾網網目比較細，所以僅有少量咖啡細粉會通過。另有 Hario 600ml 冷泡壺，如製作份量較少可選擇 600ml 的規格，在浸泡水位上比較不會有困擾，用來製作第二型冰釀式冷泡壺法。

冰滴壺

目前市售的冰滴壺，有各式各樣的造型與材質，在設計上水滴的流速調控方式不一，但整體功能性是相同的。

商用水滴／冰滴壺   個人水滴／冰滴壺

│ 有蓋咖啡壺 │

有人暱稱小可愛，以耐熱玻璃材質為佳，容量不拘，主要用來製作第二型冰釀式濾茶袋浸泡法。

│ 咖啡匙 │

舀取咖啡豆或咖啡粉，可以乾淨的湯匙代替。

│ 攪拌筷 │

用以幫助咖啡粉浸濕。

| 電子秤 |

可以一般料理秤代替，數位型為佳。如果精準度能到 0.5 克，甚至到 0.5 克以下當然更好，用來秤咖啡豆、咖啡粉、冰塊或水的份量，水的毫升 (ml) 數可以直接換算成重量克 (g) 數。

| 咖啡磨豆機 |

電動式或手動式皆可，型號不限。但電動式比較快速方便，手動比較費時費力。

▌ 四種冷萃咖啡做法 ▌

冷萃咖啡的工具與做法都非常簡單，但是冷萃後的風味各有不同。水滴法，是以室溫水萃取，直接飲用，有如醇厚濃郁的威士忌；冰滴法，是以冰塊水萃取，直接飲用，風味有如清香爽口的雞尾酒；冰釀法，是以萃取好的咖啡放冷藏發酵，或將咖啡粉泡在室溫水中，放冷藏萃取發酵，風味有如需要陳年的女兒紅。濾茶袋浸泡法，如同泡茶包一樣，放冷藏萃取發酵，風味有如清爽的冷泡茶。

以下四種冷萃法的萃取原則，是多年研究製作所得來的心得結果。請先跟著操作，待熟悉過程之後，自行調整各種條件比例，找到自己適合的製作方式和喜歡的風味最重要。

1 水滴法──風味有如醇厚濃郁的威士忌

　　以室溫水萃取，直接飲用。可以選用不同種類的室溫水（請參考 P.47 ～ P.49 TDS、萃取率、口感之間的關係）。水質不同所冷萃出來的冰咖啡風味也不同。以室溫水萃取的溫度比冰滴法高，萃取物質多，可被發酵的東西也比較多，所以成品風味會比較濃郁。

原理

使用室溫水，以滴濾法做長時間滴濾萃取。

器具結構

水滴、冰滴咖啡壺的構造由上而下分別是：盛水器、水量調節閥、盛粉器、咖啡壺。如果是大型營業用冰滴裝置，有些款式在盛粉器和咖啡壺中間還多加一支蛇管。蛇管除了增加美觀外，萃取好的咖啡液和空氣接觸的面積也會增加，所以發酵感會比沒有蛇管的再多一些。

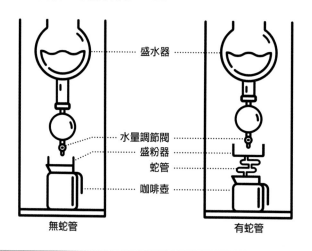

盛水器

水量調節閥
盛粉器
蛇管
咖啡壺

無蛇管　　　　　　有蛇管

咖啡粉研磨粗細

小飛馬平刀版 3 號

粉水比
依照個人濃淡喜好，一般多是 1：10 ～ 1：12 的比例

萃取時間
水滴滴速不要快於每秒 1 滴，或入水速度不要快於出水速度

風味掌握關鍵
喝果香——選擇中焙或淺焙非洲系咖啡豆，萃取完盡速裝瓶封存冷藏。建議一周內盡速飲用完，因為存放久了果香也會減弱。 **喝酒香**——萃取完，可室溫存放 1 天後再封存冷藏。

使用器材
水滴、冰滴咖啡壺 1 個
秤 1 個
量杯 1 個
量匙 1 支
筷子 1 支

材料
咖啡粉 50g
冷飲水 500ml

| 萃取過程 |

1. 放入咖啡粉：取下盛粉器，放入過濾裝置（可以使用濾布或丸型濾紙），將咖啡粉秤好 50g，放入。

2. 潤濕咖啡粉：以量杯裝入 50ml 室溫飲用水，「分次緩緩」倒入咖啡粉層，讓所有咖啡粉都浸濕。必要時可使用筷子攪動一下粉層再倒水，盡量讓咖啡粉都濕潤但咖啡滴出量很少的狀態，如果 50ml 用完但未完全濕潤，可再追加一些水，讓整體咖啡粉都濕潤。

step 1-1　　step 1-2　　step 1-3

step 2-1　　step 2-2　　step 2-3

3. 濕放置頂布：將濕潤的咖啡粉表層稍微整理一下，放上一張丸型濾紙或是一塊濾布（頂布也要預先濕潤）。

4. 裝水：將剛剛裝設好的盛粉器安裝回原處，並將水量調節閥放在「止水」位置，將盛水器裝入剩餘水量。（例如：粉水比要做 1:10 濃度，則咖啡粉 50g，總體萃取的水要使用 500ml。潤濕時用掉 50ml，那麼盛水器就裝入剩下 450ml 的水。）

step 3   step 4

5. 開閥：靜置半小時後，打開水量調節裝置，滴速不要快於每秒 1 滴，或是入水速度等於出水速度。

6. 冰存：以滴濾法萃取時，剛開始萃取出來的濃度較高，到了萃取後段所萃出的濃度較低，所以萃取完的咖啡液會呈現「下層濃、上層淡」的分層現象，要記得搖勻後再使用，還

有要記得密封冰存，風味會隨著冰存時間慢慢變得更濃厚香醇，別有風味。

step 5　　　　　step 6

TIPS

Q 水滴萃取法中，為什麼要先將咖啡粉潤濕呢？

A 先將咖啡粉潤濕，避免萃取時發生通道效應，讓萃取更完整。

Q 甚麼是通道效應？

A 相信大家在注水時會發現，即使注水時很均勻的倒在咖啡粉上，但水並不會將全部的咖啡粉都濕潤。如果倒水時的水量大一點會發現粉槽中像是有水道，水只留向某些地方，這是因為水會選擇阻力最少的地方流，這就是通道效應。

Q 為什麼水滴萃取法要在粉層頂部放濾紙或是濾布？

A 為了讓滴下來的水能平均分佈在粉層頂部各角落，讓萃取更完整。

Q 為什麼要靜置半小時後，才開水量調節裝置開始滴呢？

A 如果浸濕的咖啡粉不先靜置一段時間，就開啟水量調節裝置開始萃取，這樣做很容易塞住造成滴不出來的狀況。如果能先靜置一段時間，讓濕咖啡粉裡多餘的水先滴出，再開啟水量調節裝置開始萃取，就不易發生塞住萃取失敗的狀況。

Q 如果咖啡細粉容易導致塞住，為什麼不先把咖啡粉過篩，將細粉去掉後再做冷萃咖啡呢？

A 其實過不過篩見仁見智，這邊選擇不過篩是因為不過篩的咖啡粉萃取出來的咖啡風味層次較多，過篩咖啡粉萃取出來的風味較單一、呆板、味道會少很多，形成一種假性乾淨的口感。咖啡豆的形狀都不一樣，有大有小不規則，不是都是長正方形或都是圓形。既然不規則，磨出來會有粗有細，不同粗細的咖啡粉在相同萃取條件下，萃取出來的東西會不一樣多，也就是細的會萃的比較多，粗的會萃的比較少，也因為如此造成口感

97

豐富性的差異。就像社會上需要各行各業的朋友,有開公車的、有賣菜的、有開公司的、有做餐飲的、有老師、有公務員、有黑手……,因為有許多不同的角色,才完整了一個我們所生活的社會,所以說職業無貴賤,咖啡粉也是一樣。

因為有粗有細才能讓整個口感豐富,我們要做的應該是「如何將所有咖啡粉中好風味都萃出,而不萃出不好的風味。」也就是要練就出這項技術,而不是將細粉篩掉做出一杯好像喝起來很乾淨,但其實風味呆板的咖啡,我們要和細粉做好朋友。

冷萃法已經是最不容易造成過萃的萃取方式,大家可以在冷萃咖啡上大膽的與細粉交朋友。只是在交朋友時要先了解朋友的個性,既然知道它可能容易造成塞住的情形(水過多容易在短時間內因通道效應將細粉帶至盛粉器底部,造成過濾裝置的孔隙被細粉填滿),所以分次加水浸濕後靜置一段時間,讓濕粉裡的過多水分可以滴出,之後再開啟水量控制裝置,讓浸濕飽和的咖啡粉在入水量不大於出水量的速率中置換萃取,這樣就可以成功滴濾出我們要的冷萃咖啡了。由於水滴法萃出的風味較濃,可以加一顆大冰塊或大冰球,稍微稀釋與維持低溫會更好喝,而且能喝到更多的風味。

2 冰滴法——風味有如清香爽口的雞尾酒

　　冰滴式與水滴式的做法相同，只差在一個用冰塊水萃取，一個用室溫飲用水萃取，步驟都一樣，但風味非常不同。冰滴法是以冰塊水萃取。由於萃取溫度低，所以萃取出來的物質比水滴法少，可被發酵的東西也比水滴法少，所以喝剛滴好的冰滴咖啡，其酒香氣也比水滴法來得少，屬於清香型的冰咖啡。

原理
使用低溫水，以滴濾法做長時間滴濾萃取。

器具結構

水滴、冰滴咖啡壺的構造由上而下分別是：盛水器、水量調節閥、盛粉器、咖啡壺。如果是大型營業用冰滴裝置，有些款式在盛粉器和咖啡壺中間還多加一支蛇管。蛇管除了增加美觀外，萃取好的咖啡液和空氣接觸的面積也會增加，所以發酵感會比沒有蛇管的再多些。

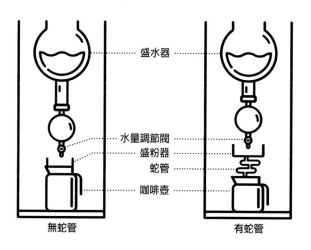

	········ 盛水器
	········ 水量調節閥
	········ 盛粉器
	········ 蛇管
	········ 咖啡壺

無蛇管　　　　　　　　　有蛇管

咖啡粉研磨粗細

小飛馬平刀版 3 號

粉水比
依照個人濃淡喜好，一般多是 1：10 ～ 1：12 的比例

萃取時間
冰滴滴速不要快於 3 秒 1 滴，或是讓其自然融化滴入萃取

風味掌握關鍵
喝果香——選擇中焙或淺焙非洲系咖啡豆，萃取完盡速裝瓶封存冷藏。建議一周內盡速飲用完，因為存放久了果香也會減弱。 **喝酒香**——萃取完，可室溫存放 1 天後再封存冷藏。

使用器材
水滴、冰滴咖啡壺 1 個
秤 1 個
量杯 1 個
量匙 1 支
筷子 1 支

材料
咖啡粉 50g
冷飲水 500ml

| 萃取過程 |

1. 放入咖啡粉：取下盛粉器，放入過濾裝置（可以使用濾布或丸型濾紙），將咖啡粉秤好 50g，放入。

2. 潤濕咖啡粉：以量杯裝入 50ml 室溫飲用水，「分次緩緩」倒入咖啡粉層，讓所有咖啡粉都浸濕。必要時可使用筷子攪動一下粉層再倒水，盡量讓咖啡粉都濕潤但咖啡滴出量很少的狀態，如果 50ml 用完但未完全濕潤，可再追加一些水，讓整體咖啡粉都濕潤。

step 1-1

step 1-2

step 1-3

step 2-1

step 2-2

step 2-3

3. 濕放置頂布：將濕潤的咖啡粉表層稍微整理一下，放上一張丸型濾紙或是一塊濾布（頂布也要預先濕潤）。

4. 裝冰塊：將剛剛裝設好的盛粉器安裝回原處，並將水量調節閥放在「止水」的位置，將盛水器裝入剩餘冰塊量。（例如：粉水比要做 1:10 濃度，則咖啡粉 50g，總體萃取的冰要使用 500g。潤濕時用掉 50g 的冰水，那麼盛水器就裝入剩下 450g 的冰塊。）

step 3　　　　　step 4

5. 開閥：靜置半小時後，打開水量調節裝置。滴速可以用 3 秒 1 滴，若要採取自然溶化萃取法，可以等咖啡粉濕潤完的靜置期結束後，再將冰塊放入盛水器，並直接將水量調節閥打開至最大，待其自然溶化滴落萃取。

6. 冰存：以滴濾法萃取時，剛開始萃取出來的濃度較高，到了萃取後段所萃出的濃度較低，所以萃取完的咖啡液會呈現「下層濃、上層淡」的分層現象，要記得搖勻後再使用。還有要記得密封冰存，發酵風味會隨著冰釀時間慢慢轉變為更明顯，而果香隨著冰釀時間拉長會慢慢降低，不同時間品嚐可以體驗到非常有趣的冰釀變化過程。

step 5　　　　　step 6

TIPS

Q 冰滴咖啡萃取完後，在室溫下放置會不會失去原有的風味？

A 冰滴完成之後，直接飲用風味正好。如果要保留部分來延長品嘗時間，需要盡快放入冷藏室保存，否則容易因室溫較高，發酵較快，導致發酵風味會過於濃重而失去冰滴咖啡原有的清爽風味。

3 冷泡壺冰釀法——風味有如需要陳年的女兒紅

　　此為第二型浸泡式冰釀法——將咖啡粉泡在室溫水中，放冷藏萃取。因為從頭到尾都是恆低溫萃取，所以萃取出來的風味相對少，需要更多時間來浸泡萃取和發酵。

原理
一開始以滴濾法初步萃取，之後以浸泡法萃取。

器具結構
含蓋咖啡壺 和細濾網 

咖啡粉研磨粗細
小飛馬平刀版 3 號

粉水比
依照器具設計——1000ml，是 1：12.5；600ml，是 1：12

萃取時間
8 小時以上

風味掌握關鍵
1. 將水往粉裡倒入，做初步萃取。　**2.** 粉層要全部浸泡到水。

使用器材
Hario 1000ml 冷泡壺 1 個
秤 1 個
量匙 1 支
材料
咖啡粉 80g
冷飲水 1000ml

| 萃取過程 |

1. 將研磨好的咖啡粉，倒入盛粉器中，再將盛粉器置於壺內。

2. 將要萃取的水量全部往粉裡倒入，且粉要全部浸入水中。

3. 蓋上蓋子，放入冰箱冰存 8 小時以上，飲用前搖晃均勻。

step 1

step 2

step 3

TIPS

Q 冷泡壺萃取中，可以先把水裝好，再把盛粉器放進去嗎？

A 不建議，這樣做萃取率比較低。照上述的做法仔細觀察，將水往粉上倒入壺內時，就已經在做前面提過的「滴濾式」萃取。如果先裝水，再放盛粉器，那麼做出來的效果會和濾茶袋式差不多。

....

Q 冷泡壺做法 2 特別強調「粉要全部浸入水中」是為甚麼？

A 照片中是 Hario 專為冷泡咖啡做的冷泡咖啡壺，盛粉器的濾網非常細緻。這款壺有兩個尺寸，照片中是比較大的尺寸，這個尺寸設計的盛粉器大概裝 80g 的粉，而水是 1000cc。照片中可以看到粉槽底部位於壺身一半以上的高度，如果只用 1:10 的比例萃取，那麼水只會泡到最底下的粉層，高於水面的粉就無法被萃取，所以使用這個壺建議一次泡滿，這樣萃取效果比較好。如果想要做粉水比較小的冷泡咖啡，可以使用同品牌 600ml 這支容量較小的冷泡壺製作，因為濾網和整體壺的高度比不會差到那麼多。

....

Q 既然前段已經以滴濾原理萃取，為什麼還要花時間浸泡呢？

A 雖然冷泡壺萃取方式中，前段加水部分已萃出不少咖啡粉內的物質，但由於加水時是用冷水大量快速通過，所以萃取出來的物質很有限，還是需要時間去浸泡，讓水能進入每顆咖啡粉內，將咖啡粉較內部中心的風味物質溶出。就像我們煎牛排一樣，雖然大火高溫已瞬間將牛排表面煎熟，但內部還是生的，需要小火慢煎、加蓋或是進烤爐，以時間讓熱力慢慢透入並熟化內部，需要時間急不得。

4 濾茶袋浸泡法──風味有如清爽的冷泡茶

　　如同泡茶包一樣，浸泡於冷水中，放冷藏萃取微發酵。這是最簡單容易的冷萃咖啡製作方法。不過因為是全浸泡法，且全程冷藏萃取（即低溫浸泡萃取），所以從咖啡粉中萃出的物質比前面三種方式都要來的少，因此風味最為清爽。

原理
以浸泡法萃取
器具結構
有蓋咖啡壺
咖啡粉研磨粗細
小飛馬平刀版 2.5 號
粉水比
依照個人喜好 1：10 ～ 1：15 皆可
萃取時間
冷藏浸泡 12 小時以上
風味掌握關鍵
粉水比小一點、粉稍微磨細一點有助萃出、浸泡時間久一點

使用器材
600ml 有蓋咖啡壺 1 只
濾茶袋 數個
筷子或湯匙 1 支
材料
咖啡粉 30g
冷飲水 300ml

| 萃取過程 |

1. 拿一個有蓋的容器，裡面裝好已算好比例的室溫飲用水。

2. 將裝好咖啡粉且密封好的咖啡粉袋投入容器中。

step 1

step 2

3. 因咖啡粉袋內有氣體，一開始可能會浮在水面，可以用湯匙或筷子將粉袋壓入水中，確保咖啡粉都浸泡在水中。

4. 蓋上蓋子，放入冰箱冷藏室冰存 12 小時以上，飲用前搖一搖。

step 3　　　　step 4-1　　　　step 4-2

TIPS

濾茶袋封口要封好，不然會得到一壺富含咖啡粉的冰咖啡。

CHAPTER 5

TASTING EXERCISES

冷萃咖啡風味與香氣
的品嚐與練習

▍ 如何品嘗一杯冷萃咖啡 ▍

　　很多朋友問過這問題，其實就像這幾年推廣的慢食運動，放輕鬆慢慢喝就好。不論是熱萃取或是冷萃取，咖啡會隨著時間和溫度的改變造成品嘗上的差異。熱萃取的咖啡在香氣與口感的表現上，由熱到冷的差異會比較大，相對的，冷萃咖啡由冰到室溫，其香氣與口感也會有些許的變化，但不會像熱萃取咖啡的差異性那麼大。

　　當我們拿到一杯咖啡時，可以先聞一下，鼻前嗅覺會先感受到咖啡的前段輕香氣，然後含一口在口中，可以用舌頭攪動一下感受 body，順便由鼻子吐氣去感受，此時鼻後嗅覺被咖啡液內的香氣包覆著，最後吞下去感受口中餘韻。當然如果開心的大口喝也可以，不過要提醒一下大家，冷萃咖啡的咖啡因含量沒有比較低，小心過量，否則晚上要數綿羊。

　　至於喝起來是什麼樣的風味？當然每個人會依照不同的生活經驗來形容，如肉味、百合花香、殺蟲劑味，甚至用「一滴醬油滴到熱鍋上的味道」來形容的都有。為求大家使用的語言差不多，比較好溝通，一般都會使用咖啡風味輪。雖然也有不同版本，但大同小異。由於製作風味輪的大多是外國機構，有很多形容詞對風土民情不同的我們來說實在很難體會。「Aura 微光咖啡」老闆奇奇，特別為此改良了風味輪，用我們比較熟悉的味道製作了下頁這張「台灣風味輪」[1]，大家可以一邊喝咖啡品嚐，一邊按圖索驥來尋找喝到的風味。

---

1 圖片提供／ https://www.coffeeaura.com.tw/pages/coffee-tasters-flavor-wheel-taiwan-version

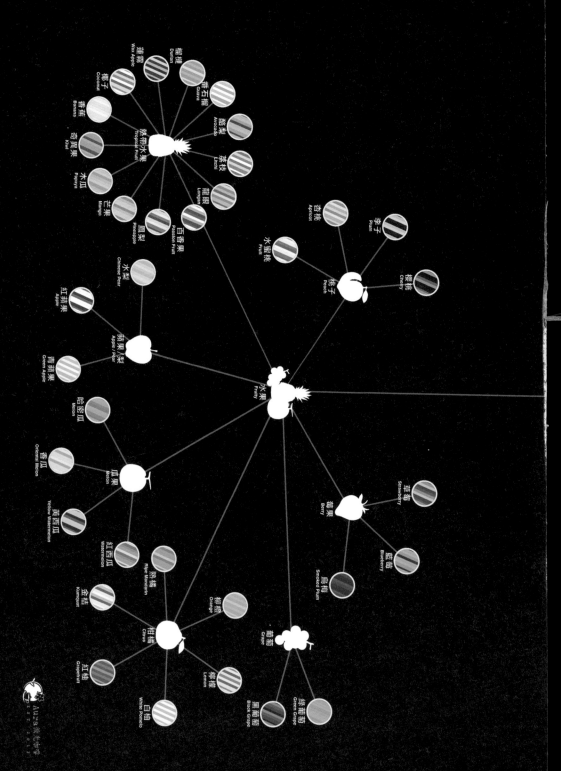

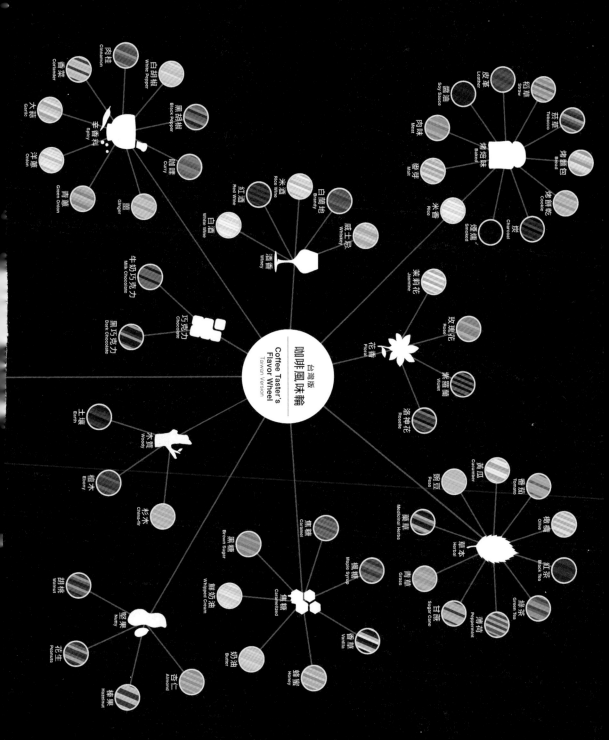

咖啡風味輪
台灣版
Coffee Taster's
Flavor Wheel
Taiwan Version

　　前頁「台灣風味輪」圖中的名詞都是有關風味的嗅覺形容詞。
我們喝咖啡除了鼻子感受到的嗅覺和舌頭感受到酸、甜、苦、鹹、
鮮的味覺之外，還有另一個重要的部分就是觸覺，也就是我們常
說的 body。有關 body 的形容，大致敘述如下——

　　body 輕：水感、茶感、果汁感。

　　body 中等：糖漿、圓潤、加了牛奶般。

　　body 高：融化的奶油、融化的巧克力、絲綢感……。

▌ 冷萃咖啡風味實驗比較 ▌

　　為了讓較少接觸冷萃咖啡的朋友體驗不同萃取法做出來的風味，曾經一口氣做了好幾支冷萃咖啡，有如品酒般的過程，有顏色、香氣、body、發酵味與風味的差異，顛覆咖啡的一般印象，非常有趣。建議從一、兩款設定的條件開始製作冷萃咖啡，並且細細品嘗它們的不同，再漸漸地擴及更多的實驗條件，會發現每一款的風味都是獨一無二，令人著迷。

｜ 使用器具 ｜

　　冰滴咖啡壺、Hario 冷泡咖啡壺、濾茶袋、600ml 有蓋咖啡壺。

｜ 使用原料 ｜

　　深焙混豆（touch 二爆初[2]）、日曬耶加（一爆密集）、水洗耶加（一爆密集）。

---

2 咖啡豆的烘焙，從生豆一直烘焙到焦的過程中會經歷兩次爆裂聲，第一次爆裂聲比較大稱為「第一次爆裂」簡稱「一爆」，第一次爆裂完會安靜一段時間再進入第二次爆裂，簡稱「二爆」，第二次爆裂的聲音比較小聲。由於每顆咖啡豆有個體差異，所以大家爆裂的時間會有先後順序，而不是「bong」一聲都一起爆完，因為先後順序就產生了爆裂區間。例如：一爆初期、一爆中／一爆密集、一爆末期、二爆初、二爆中／二爆密集、二爆末。越接近一爆初期就是烘焙越淺，越接近二爆末期就是烘焙越深。

實驗方案 1　深焙混豆類組

　　剛接觸咖啡的朋友通常對「咖啡風味」有刻板的印象，認為咖啡應該喝起來就像即溶咖啡，有咖啡的特有香氣和不會酸的口感。前面提過，其實 Arabica 品種咖啡豆有非常豐富的香氣，且依照烘焙程度與手法的差異會帶著不同程度的果酸。選擇深焙混豆就是希望做出比較大眾化口味的咖啡，讓較少接觸精品咖啡的朋友能比較好上「口」（因為精品咖啡豆的個性都比較強烈，風格比較突出，尤其是淺焙的精品咖啡）。

　　深焙會降低果酸、增加濃郁感，混豆會增加口感的豐富性，所以剛接觸的朋友可以先選擇這一類的咖啡豆，或中焙，或中焙以上的中南美洲豆或亞洲豆。

A壺 水滴法
材料
冰滴咖啡壺 1 個
深焙混豆咖啡粉 50g
室溫飲用水 500ml
咖啡粉研磨粗細
大富士 3 號
萃取時間
約 4 小時（靜置時間除外）
萃取說明
採用深焙（二爆中）的 Arabica 混豆，風味呈現的是濃郁紮實型。在開著空調的室內萃取，室溫為 28.9℃。使用高雄鼓山區自來水，並且以愛惠普濾心過濾後的過濾水萃取。先浸濕後放置 1 小時再開始萃取，流速設定約為每秒 1 滴。

B 壺 冰滴法
材料
冰滴咖啡壺 1 個
深焙混豆咖啡粉 50g
室溫飲用水 50ml
冰塊 450g
咖啡粉研磨粗細
大富士 3 號
萃取時間
約 5.5 小時（靜置時間除外）
萃取說明

採用深焙（二爆中）的 Arabica 混豆，風味是濃郁紮實型。在開著空調的室內萃取，室溫為 28.9℃。使用高雄鼓山區自來水，以愛惠普濾心過濾後的過濾水浸濕，浸濕後放置 1 小時再開始萃取，並以相同的水製成冰塊，做冰滴的萃取，利用自然溶化的方式萃取。萃取時，咖啡粉表面以數位溫度計測得萃取溫度約為 9.8℃。盛粉器底部溫度測得萃取溫度為 20.5℃，滴出的咖啡液溫度約為 24.3℃。

C 壺　第二型冰釀法（冷泡壺）
材料
Hario 1000ml 冷泡壺 1 個 深焙混豆咖啡粉 80g 室溫飲用水 1000ml
咖啡粉研磨粗細
大富士 3 號
萃取時間
12 小時
萃取説明
採用深焙（二爆中）的 Arabica 混豆，風味是濃郁紮實型。依照 P.106 萃取步驟，將粉置入後，使用高雄鼓山區自來水，以愛惠普濾心過濾後的過濾水，置於攝氏 2 ～ 4℃ 的冰箱中冷藏萃取。

D 壺　第二型冰釀法（濾茶袋）
材料
600ml 含蓋咖啡壺 1 個
濾茶袋 3 個
深焙混豆咖啡粉 30g
室溫飲用水 300ml
咖啡粉研磨粗細
大富士 3 號
萃取時間
12 小時
萃取說明
採用深焙（二爆中）的 Arabica 混豆，風味是濃郁紮實型。將研磨好的咖啡粉每 10g 裝入一個濾茶袋。依照 P.111 濾茶袋浸泡法步驟，使用高雄鼓山區自來水，以愛惠普濾心過濾後的過濾水萃取，置於 2 ～ 4℃ 冰箱中冷藏萃取。

實驗方案 2　　淺焙日曬耶加組

產自非洲衣索比亞 Yirgacheffe 產區，通常譯作耶加雪菲、耶加洽菲，簡稱耶加的咖啡豆。日曬處理法的耶加，通常帶有莓果調、熱帶水果風，例如：芒果、香蕉、鳳梨，還有豆豉、酒香這類的發酵香氣，以淺焙方式烘焙，強調其水果酒般的香氣。

E 壺 水滴法
材料
冰滴咖啡壺 1 個 淺焙日曬耶加咖啡粉 50g 室溫飲用水 500ml
咖啡粉研磨粗細
大富士 3 號
萃取時間
約 4 小時（靜置時間除外）
萃取說明
採用衣索比亞日曬耶加 Gorbota Samuel 處理廠淺焙豆，風味是熱帶水果、百香果、發酵香氣。在開著空調的室內萃取，室溫為 29℃。使用高雄鼓山區自來水，以愛惠普濾心過濾後的過濾水浸濕。浸濕後，放置 1 小時再開始萃取，流速設定約為每秒 1 滴。

F壺 冰滴法
材料
冰滴咖啡壺 1 個
淺焙日曬耶加咖啡粉 50g
室溫飲用水 50ml
冰塊 450g
咖啡粉研磨粗細
大富士 3 號
萃取時間
約 5.5 小時（靜置時間除外）
萃取說明
採用衣索比亞日曬耶加 Gorbota Samuel 處理廠淺焙豆，風味是熱帶水果、百香果、發酵香氣。在開著空調的室內萃取，室溫為 29℃。使用高雄鼓山區自來水，以愛惠普濾心過濾後的過濾水浸濕，浸濕後放置 1 小時再開始萃取，並以相同的水製成冰塊做冰滴的萃取，以自然溶化的方式萃取。

G 壺 第二型冰釀法（冷泡壺）
材料
Hario 1000ml 冷泡壺 1 個 淺焙日曬耶加咖啡粉 80g 室溫飲用水 1000ml
咖啡粉研磨粗細
大富士 3 號
萃取時間
12 小時
萃取說明
採用衣索比亞日曬耶加 Gorbota Samuel 處理廠淺焙豆，風味是熱帶水果、百香果、發酵香氣。依照 P.106 萃取步驟，將粉置入後，使用高雄鼓山區自來水，以愛惠普濾心過濾後的過濾水萃取，並且置於 2 ～ 4℃ 冰箱中冷藏萃取。

H壺　第二型冰釀法（濾茶袋）
材料
600ml 含蓋咖啡壺 1 個
濾茶袋 3 個
淺焙日曬耶加咖啡粉 30g
室溫飲用水 300ml
咖啡粉研磨粗細
大富士 3 號
萃取時間
12 小時
萃取說明

採用衣索比亞日曬耶加 Gorbota Samuel 處理廠淺焙豆，風味是熱帶水果、百香果和發酵香氣。將研磨好的咖啡粉，每 10g 裝入一個濾茶袋。依照 P.111 濾茶袋浸泡法步驟，使用高雄鼓山區自來水，以愛惠普濾心過濾後的過濾水萃取，並且置於 2～4℃冰箱中冷藏萃取。

　　產自非洲衣索比亞 Yirgacheffe 產區，通常譯作耶加雪菲、耶加洽菲，簡稱耶加的咖啡豆。水洗處理法的耶加，通常帶有白色花香調，例如：茉莉花、雞蛋花，以及柑橘水果調，例如：檸檬、橘子、萊姆。口感較輕，會有紅茶感。以淺焙方式烘焙，強調其花香調與柑橘調，還有檸檬紅茶般的酸甜感。

1壺 水滴法
材料
冰滴咖啡壺 1 個 淺焙水洗耶加咖啡粉 50g 室溫飲用水 500ml
咖啡粉研磨粗細
大富士 3 號
萃取時間
約 4 小時（靜置時間除外）
萃取說明
採用衣索比亞水洗耶加 Worka Sakaro Mijane 處理廠淺焙豆，風味是玉蘭花、萊姆、花蜜、檸檬香氣。在開著空調的室內萃取，室溫為 29.7℃。使用高雄鼓山區自來水，以愛惠普濾心過濾後的過濾水萃取，浸濕後，放置 1 小時再開始萃取，流速設定約為每秒 1 滴。

J 壺 冰滴法
材料
冰滴咖啡壺 1 個
淺焙水洗耶加咖啡粉 50g
室溫飲用水 50ml
冰塊 450g
咖啡粉研磨粗細
大富士 3 號
萃取時間
約 5.5 小時（靜置時間除外）
萃取說明
採用衣索比亞水洗耶加 Worka Sakaro Mijane 處理廠淺焙豆，風味是玉蘭花、萊姆、花蜜、檸檬香氣。在開著空調的室內萃取，室溫為 29.7℃。使用高雄鼓山區自來水，以愛惠普濾心過濾後的過濾水浸濕，浸濕後放置 1 小時再開始萃取，並以相同的水製成冰塊，做冰滴萃取，以自然溶化方式萃取。萃取時咖啡粉表面以數位溫度計測得萃取溫度約 12.5℃；盛粉器底部測得萃取溫度為 19℃；滴出的咖啡液溫度約為 25.9℃。

　　我們將喝完的感受整理成下表，讓大家可以一目了然這些萃取法的風味差異[3]。

3　以數字1～5表示，數字愈高，顏色、香氣、body、發酵味、風味等也愈高或愈強。

實驗方案 1. —— 深焙混豆類組				
	A 壺 水滴法	**B 壺** 冰滴法	**C 壺** 冷泡壺法	**D 壺** 濾茶袋法
顏色	**5** 最深	**4** 次深	**3** 中等	**2** 最淺
香氣	**4** 豐富濃郁 但較沉	**5** 豐富且 上揚	**3** 中等	**2** 最輕
BODY	**5** 最厚實	**4** 次厚實	**3** 中等	**2** 水感
發酵味	**5** 最強	**4** 較輕柔	**0** 無明顯 發酵味	**0** 無明顯 發酵味
風味	**5** 豐富濃郁	**4** 豐富但 較清爽	**3** 比 D 壺甜， 苦甜較為平 衡，但是豐 富度沒有 A 壺、B 壺好	**2** 苦味明顯

實驗方案 2. —— 淺焙日曬耶加組			
	E 壺 水滴法	**F 壺** 冰滴法	**G 壺** 冷泡壺法	**H 壺** 濾茶袋法
顏色	**5** 最深	**4** 次深	**3** 中等	**2** 最淺
香氣	**4** 豐富但 果香較沉	**5** 豐富且 果香上揚	**3** 中等	**2** 最弱
BODY	**5** 厚實	**4** 次厚實	**3** 中等	**2** 水感
發酵味	**5** 最強	**4** 較輕柔	**1** 無強烈 發酵味 [4]	**1** 無強烈 發酵味
風味	**5** 濃郁發酵 水果酒 風味	**4** 輕爽 熱帶水果 酒風味	**3** 果汁感 雞尾酒 風味	**2** 水果茶 風味

4 此發酵味來自於咖啡豆後製法，非因萃取方式造成。

實驗方案 3. —— 淺焙水洗耶加組		
	I 壺 水滴法	**J 壺** 冰滴法
顏色	**5** 最深	**4** 次深
香氣	**4** 豐富但果香較沉	**5** 豐富且花果香較明顯
BODY	**5** 較厚實	**4** 較清爽
發酵味	**5** 較濃郁 [5]	**4** 較清爽
風味	**5** 豐富濃郁 果酸較不強烈	**4** 豐富輕爽 花香 & 果酸較明顯

---

[5] 此發酵風味是因萃取法造成，若是以相同水洗耶加咖啡豆，但使用表中以外的萃取方式製作（含熱萃取），則製作出來的咖啡將不具有發酵風味。

冷萃咖啡最好純飲，才能喝出咖啡豆的特殊風味。

▋ 冷萃咖啡的飲用法 ▋

　　一般來說冷萃咖啡最好純飲，才能喝出香醇以及咖啡豆本身特有的風味。不過添加其他配料給予不同的口感，也是另一種情趣的飲用法。繼大型連鎖咖啡品牌推出加了氮氣的冷萃咖啡之後，市面上也出現創新的喝法。還有加檸檬、椰子汁這類的喝法，喝起來更清爽。當然添加什麼配料都可以，原則上不要將原有的冷萃風味遮蓋才好。至於還有什麼創新喝法，大家可以試試看。

▎ 純飲溫度不同滋味不同 ▎

　　前面提過冷萃咖啡可以忠實的將咖啡豆的風味呈現出來，所以大部分會以純飲的形式飲用。如果是比較濃郁的水滴或冰滴咖啡，通常會加入冰塊純飲，一方面維持低溫，一方面可以喝到稀釋後層次被拉開的不同風味。因為發酵風味較明顯，所以回溫後會更強烈，冰冰的喝會較好喝。

　　如果是以冷泡壺冰釀，除了加冰塊純飲外，也可以不加冰塊純飲。因為冷泡壺冰釀通常會用 1：12 的粉水比例，咖啡濃度沒這麼高，所以回溫後喝起來像手沖咖啡般的濃度，但因為以低溫長時間萃取，所以 body 又較一般放涼後的熱咖啡來的厚實些。

如果是濾茶袋法，因濃度較低可以不加冰塊純飲，但因萃取率也較低，所以回溫後水感會更明顯。

加了氣泡、氮氣的冷萃咖啡又香又清爽

如果是第二類型的冰釀咖啡，由於粉水比通常會比水滴式或冰滴式稍微大一些，或是萃取率及濃度較低，所以喝起來濃度較適中。這幾年會以氮氣咖啡的形式（即打入氮氣）表現，有點像喝啤酒的感覺，除了視覺更豐富外，在香氣表現上也加分許多。

另外也可以依照個人喜好，將冷萃咖啡分別加入蘇打水、通寧水或可樂，呈現另一種含有氣泡感的沁涼暢快享受。

加奶調和的特殊風味

一般選擇淺焙豆都是想喝花果香以及酸甜感，所以多是以純飲的方式飲用。若是深焙豆，其口感較重，所以深焙這類較濃郁型的冷萃咖啡，可以加奶調和成香純又柔順的口感。不過調和用的乳品不同，口感也不同，可區分為兩類：一類是鮮奶，一類是奶油球（鮮奶油類）。鮮乳因為所含水分較多，故以鮮奶調和的口感會比較清爽、body 較薄；如果是以偏鮮奶油類的奶油球調和，因為水分含量較少，所以整體口感會比較濃郁、body 較稠。

加了氮氣的冷萃咖啡，口感清爽又滑順。

加牛奶不加糖的冷萃咖啡，就是冷萃咖啡拿鐵。

冷萃咖啡在加牛奶不加糖的情況下，就是一杯冷萃的咖啡拿鐵（ coffee latte ），喝起來自然回甘、有甜味。

加入發酵農作物（酒）的成熟風味

若是可以加入一點點愛爾蘭威士忌（穀物釀造）或是白蘭地（水果釀造），別有一番風味。

其實要加甚麼酒當然都可以，只是愛爾蘭威士忌是穀物釀造，不像蘇格蘭威士忌大多是以大麥釀造。尤其近年來流行單一純麥威士忌，要喝酒體本身細緻的風味變化，一旦加了冷萃咖啡，那細緻的酒體風味就喝不到了，可惜一瓶幾千元的好酒。白蘭地（V.S.O.P. 以下等級）因風味較清爽、單價較便宜，所以也可以使用。當然要添加 V.S.O.P. 級以上的白蘭地也行，不過回歸一句話──可惜了！可惜了一瓶幾千元的好酒，就像單品的冷萃咖啡建議盡量喝原味，就是要喝豆子本身的風味，添加其它東西雖然趣味性增加了，但也可能可惜了一支好豆子的風味。所以這邊說的加酒冷萃咖啡，通常會建議使用深焙混豆所做的冷萃咖啡，簡單說就是以最小的花費做出最豐富的變化。

加酒的冷萃咖啡，喝起來更有成熟的風味。

TIPS 喝酒不開車

心血管不是很好的朋友不建議這樣喝，因為咖啡因和酒精都
會刺激心臟，混合飲用怕過度增加心臟負擔。

█ 搭配食物的原則 █

如果是中焙或淺焙的單品豆，通常我們想喝的就是這支豆子
的個性風味，所以建議以純飲不搭配食物的方式，比較能清楚感
受豆子的風味。若是下午茶想搭配點心，不論是淺焙、中焙或是
深焙的冷萃咖啡，搭配含奶類或奶油香味的甜點是不錯的選擇，
例如：起司蛋糕類、餅乾類或是巧克力類都可以，一方面奶類製
品和咖啡很搭，另一方面奶類甜點吃多通常會有點膩感，如能搭
配一杯帶有果酸的淺焙冷萃咖啡會很適合。前面我們聊過深烘焙
咖啡豆比淺烘焙咖啡豆味苦、水洗處理法果酸明亮度比日曬處理
法顯著、非洲豆的 Terroir 是豐富水果調，所以這裡就可以選擇
淺焙、水洗衣索比亞耶加，或是中淺焙、水洗肯亞這類咖啡豆所
做的冷萃咖啡，這種微酸感可以去油解膩、提神爽口。如果是搭

配比較甜膩型或是含有堅果類的甜點，例如土耳其軟糖、日式和果子，則可以選擇較清爽型的冷萃咖啡，所以濾茶袋冰釀咖啡或是短時間快速攪拌萃取的冷泡咖啡，口感比較水、偏茶感，比較適合。

▎ 飲用須知 ▎

Q 為甚麼我喝熱咖啡都沒事，但喝水滴或冰滴咖啡卻會有心悸、頭暈、喝醉酒的感覺？

A 如果這些狀況是令你不舒服，不要再喝了，或多喝水。因為咖啡因在體內代謝速度很快，多喝點水可以加速體內咖啡因代謝。或以後就喝第二型冰釀咖啡吧！當然如果這些感覺讓你不會不舒服，只是過 high，那也要留意身體已經告訴你底線在哪裡，不要過量。

　　冷萃咖啡的風味口感會因為豆子選擇的不同、萃取法的不同而有所不同。豆子的選擇又會因為品種的不同、精製法的不同、烘豆師手法的不同、烘豆加熱方式的不同、烘焙深淺不同……等而有所不同。換個方式比喻說明：今天要煮一道魚料理，可以選鮭魚、石斑或是溪哥魚（如同豆子的選擇），其中有海魚，有淡

水魚（雖然不能用精製法來比喻，但把它假想成這個位階），假設選了石斑，我們可以用清蒸、紅燒、油炸、煮湯（如同不同的烘豆師手法），可以用中華炒鍋、砂鍋、快鍋、平底鍋、鑄鐵鍋（如同不同的烘豆加熱方式）來做出不同味道的魚料理，因為每個階段的選擇不同，所以最後成品風味不同。

前面介紹了風味輪以及觸感的形容，這部分必須要大家親自品嚐並面對面才能討論與校正，無法單純以言語敍述，必須實做，要請多多自主練習了。練習的方式很簡單──多喝、多品嚐。下面提供一些品嚐練習時的感受形容方向，讓大家參考：

▎ 酸 ▎

甚麼樣的酸？是刺激尖銳像醋酸一般的酸？還是像檸檬一樣強烈，但不尖銳的酸？或像青蘋果⋯⋯的酸？

▎ 甜 ▎

像黑糖、焦糖、太妃糖，或是像蜂蜜⋯⋯的甜？

▎ 苦 ▎

像黃蓮、苦瓜的苦？或是像可可的苦？這些苦感是不同的。黃蓮的苦就是一種純粹的苦，苦瓜和可可的苦都會帶甘度，不過

苦瓜的苦又多了點植物的青澀感，所以可可的苦韻算是好的苦韻，黃蓮的苦就算不好的苦。

| 觸感 |

　　Body 是液體給予舌頭的重量感。喝一口水含在口中，與喝一口牛奶含在口中相較之下，水在口腔裡的感覺比較輕，用舌頭去攪動會覺得阻力比較小，那麼水就是 body 比較輕。所以 body 厚實與否？是像水一樣稀薄，還是像融化的奶油一樣稠？或是像喝紅酒一樣有收斂感？有時候咖啡風味的形容，可能和日常生活品嚐到的不是那麼百分之百吻合，需要一點點想像來連結，總之飲食經驗越多自然能體會形容的詞彙也越多。

| 香氣 |

　　熱帶水果、柑橘、紅色花系或白色花系……的香氣？可以參考 P.120 ～ 121 風味輪。

| 發酵風味 |

　　像豆豉味、紅酒香、葡萄酒香，或酒釀風味……？

CHAPTER 6

TASTING EXERCISES
冷萃過程問題處理
及其他小細節

▌ 器具的清潔方法 ▌

這些冷萃方式清潔都很簡單，都是把咖啡渣倒掉，把所有器具用清潔劑清洗乾淨（咖啡有油脂）。需要注意的是，如果過濾器材或頂布使用的是濾布而不是濾紙，由於濾布也會吸收咖啡的油脂，建議大家清洗後將濾布以熱水煮過 2～3 次，將濾布上殘留的咖啡油脂煮掉，再將濾布烘乾、或陰乾、或晾乾，否則下次使用時會發現濾布聞起來有臭抹布味，就必須要換新的濾布了，不然滴出來的咖啡都會是臭抹布味。如果使用的是濾紙，濾紙是不重複使用的，每次使用都要換新，就沒有上述的問題了。另外，在清潔濾布和濾器時，要留意不要讓咖啡渣掉入濾布和濾器的背面 (即濾布綑綁打結的那面) 的洞裡，否則以後濾出來的咖啡可能會有咖啡渣。

▌ 更換濾布的時機 ▌

濾布除了有異味一定要更換之外，如果使用濾布來過濾，一段時間後會發現咖啡滴出來的速度變慢，這時也代表濾布該更換了。因為濾布的孔隙已經開始阻塞。當然如果使用的是拋棄式濾紙或濾茶袋就沒有這種煩惱了。

▊ 使用冰滴咖啡壺時，粉槽卡住的解決方法 ▊

　　平常家用五人份大小的冰滴壺，使用的粉量不大，會造成塞住的現象通常是最下面濾器的濾布太久沒換，濾布孔細塞住了，或是研磨太細才有可能塞住。如果塞住滴不出來，請先檢查一下是否有上述的狀況？如果是因為濾布太久沒換，請先將盛粉器中的粉倒出，將過濾器的濾布更新之後，再將粉依照原來的方式裝回繼續滴。如果是磨太細塞住，只能調慢滴速讓入水速度低於出水速度就能成功萃取，否則就只能換掉粉重滴了。當然如果是調慢滴速，很可能原本是冰滴式萃取，但最後變成水滴式萃取。

▌ 冷萃過程問題處理與其他小細節 ▌

Q 熱萃取在萃取不好的狀況下容易有雜味，那冷萃咖啡在甚麼
狀況下容易有雜味呢？

A 萃出咖啡雜味有兩個可能：一、是豆子本身有瑕疵豆造成，
二、是萃取時將不好的味道萃出。

第一點很容易理解，咖啡生豆裡有瑕疵豆沒有剔除，烘完的
熟豆也包含這些瑕疵豆，自然萃取時會把不好的味道萃出；
或是雖然有挑除瑕疵豆，但烘焙不當也會造成熟豆風味有瑕
疵（例如：焦苦味與澀感）。

第二點通常發生在前面提過的「過度萃取」情況下。熱萃取因
為萃溫高，所以很容易在操作不當之下將好味道與不好的味道
都拉出來。但冷萃咖啡的萃溫低，且因為器材萃取的方式不大
會有攪拌過度的問題，所以用一般非攪拌系冷萃法製作冷萃咖
啡時，大概只有「大粉水比」的情況才會有過萃的可能。

1. 那麼在大粉水比的狀況下冷萃會不會有過萃味呢？我做了
個實驗如下：

實驗條件
咖啡豆
無瑕疵烘焙完 3 周內的新鮮中焙（一爆末） 宏都拉斯百花莊園 Parainema 種豆 20.6g
咖啡粉研磨粗細
大富士 2.5 號
水
總量為 425ml 的高雄鼓山愛惠普過濾冷飲水
萃取方式
A 壺：濾茶袋冰釀法（置於 2～4℃冷藏萃取 12 小時）。 **B 壺**：滴濾式冰釀法（將整座冰滴壺放在 2～4℃的冰箱中，以水滴法萃取，且將要萃取的水事先置於冷藏室中降溫至 6.4℃，才做咖啡粉浸濕與萃取的步驟，滴速為 4 秒 1 滴）。 **C 壺**：為水滴法，以 35ml 室溫水浸濕後，以 390ml 室溫水萃取，滴速為 6 秒 5 滴。

實驗結果		
A 壺 濾茶袋冰釀	**B 壺** 滴濾式冰釀	**C 壺** 水滴法

	A 壺 濾茶袋冰釀	B 壺 滴濾式冰釀	C 壺 水滴法
口感	**1** 最清淡 像是有咖啡味 的水	**2** 清淡 但比 A 壺多 了點甜度	**3** 清淡 但整體風味是 放大版的 B 壺
是否有 發酵味	**0** 無發酵味	**0** 無發酵味	**1** 微發酵味
是否有 過萃味	**0** 無過萃味	**0** 無過萃味	**0** 無過萃味

2. 如果豆子有挑過瑕疵但已不新鮮，拿來做冷萃咖啡會不會
有過萃味呢？我又做了個實驗如下：

實驗條件
咖啡豆
烘焙完 8 個月又 1 週，不新鮮但有挑過瑕疵豆的淺焙 （一爆中）水洗耶加 Worka Sakaro 50g

咖啡粉研磨粗細
大富士 3 號
水
以 70ml 浸濕，用 450ml 萃取 室溫高雄鼓山愛惠普過濾冷飲水
萃取方式
D 壺：滴濾式冰釀法 (將整座冰滴壺放在攝氏 2～4℃的冰箱中，以水滴法萃取，且將要萃取的水事先置於冷藏室中降溫至 6.4℃，才做咖啡粉浸濕與萃取的步驟，滴速為 3 秒 1 滴)。 **E 壺**：水滴法，滴速為 3 秒 1 滴。

	D 壺 滴濾式冰釀	E 壺 水滴法
口感	**4** 喝起來濃郁，但萃取物質比 E 壺少一點，且有不新鮮的豆子味	**5** 喝起來濃郁，且萃取物質很多，還帶著不新鮮的豆子味
是否有發酵味	**0** 無發酵味	**5** 發酵味重
是否有雜味	**0** 無雜味	**0** 無雜味

- **結論**：由上面兩個實驗共五壺可以知道

1. 只要豆子沒有瑕疵豆且烘焙無不當，即使粉水比大到 1：20.6 也不會有過萃味。

2. 只要豆子沒有瑕疵豆且烘焙無不當，即是熟豆已經不新鮮也不會有雜味。

3. 冷萃咖啡就是忠實的反應出豆子的狀態。

Q 熱萃取時咖啡的風味很豐富，可以隨著溫度的變化嚐到不同的風味，但是為什麼做冷萃咖啡時比較沒有這麼多的變化？

A 因為熱萃取的萃溫高，可以把很多咖啡裡的東西萃出來，且從高溫降至室溫的過程，萃出來的咖啡液中還會有一些化學的降解變化，所以咖啡風味會一直變。冷萃取因萃溫較低，所以萃出來的東西相對少，加上溫度低所以一些化學降解反應較不明確，也因此冷萃咖啡的穩定度相對較高，比熱萃取咖啡適合包裝販售。

....

Q 以水滴法萃取前已經先把咖啡粉潤濕了，為什麼還是在萃取時塞住？

A 除了前面提過的阻塞狀況之外，會發生阻塞不外乎下列兩種情況造成：

1. 濕潤咖啡粉時不是緩緩分次加水浸濕：如果是瞬間大水量或是一次加完準備浸濕咖啡粉的水，容易發生前面提到的「通道效應」，造成細粉被帶至底部阻塞過濾器。

2. 浸濕完咖啡粉沒有靜置 30 分鐘以上：沒有足夠靜置時間讓濕潤咖啡粉後多餘的水先滴完就開啟水量調節器，這狀況其實可以看成使用多且大量的水來浸濕咖啡粉，所以就會像第一點因通道效應，使得細粉被帶至底部阻塞了過濾器。

Q 上班族最適合哪種萃取方式？

A 通常辦公室不大會有冰箱或是冰塊，所以冰釀法或是冰滴法都比較不易實施，可以使用水滴法或是冷泡法。

Q 如何最快速喝到冷萃咖啡？

A 一開始說過冷萃咖啡是以時間換來的口感，如果要以快速為前提勢必在風味上會有所折損。市面上有兩款製作冷萃咖啡所需時間比較短的器材，一、是以電動馬達快速攪拌模式製作冷萃咖啡，二、是 Hario 有一款水滴式冰滴咖啡壺「雫」，器具本身設計為固定滴速的水滴式冰滴壺，使用 600ml 的水，2 小時內就完成滴落萃取。

Q 市售各種冷萃咖啡的器具對萃取風味是否有影響？

A 除了上述兩種可快速製作的器具外，其餘器具的萃取原理大同小異，大多是器具材料或是外型上的差異而已。扣除上述電動馬達強力攪拌法的器具外，Hario 的「雫」不論是盛粉器的材質（金屬濾網）或是盛粉器的設計，有快速萃取的效果，算是比較特別的器材。下面就這個器材來和其他常見的冰滴壺作比較。

	一般冰滴壺	雫
盛粉器材質	樹脂或玻璃	金屬
盛粉器型式	上寬下窄長圓筒柱狀，上方入水處為廣口，下方出水處收縮為單一小孔	長圓柱筒狀，上方入水處為廣口，桶身佈滿空洞，下方出水為佈滿孔洞的整個圓面。

同為冰滴壺， 之所以可以快速滴濾，是因為其盛粉器不但底部佈滿出水孔，連盛粉器的側面桶身也佈滿出水孔，所以當入水速率快於底部的出水速率時，來不及經由底部滴出的咖啡液可以從桶身的孔洞流出。一般的冰滴壺盛粉器只有底部的一個小出水孔，所以當入水速度快於出水孔的出水速度時，滴入的水無法經由咖啡粉層從下方流出，只有越積越多最後滿出來造成萃取失敗，因此佈滿桶身的出水孔是可以快速入水萃取卻不會塞住的原因。

但也因為這個原因，從桶身流出的咖啡液因為沒有由上至下經過全部的粉層（可能流到中段就從旁邊桶身的孔流出），雖然可以快速萃取，但萃取率會比一般冰滴壺的單一出水孔盛粉器萃取率低，最後萃出的濃度也比較低，所以口感會比一般冰滴壺淡一點點，且酸度高一點。

以新鮮中焙（一爆末）宏都拉斯百花莊園 Parainema 種豆，
分別由一般冰滴壺與雫做水滴式萃取，粉水比為 1:10.4，研
磨粗細為大富士 3 號。

實驗結果如下：

	一般冰滴壺	雫
萃取率	**5** 較高	**4** 高
濃度	**5** 較濃	**4** 濃
發酵感	**3** 一樣發酵強度	**3** 一樣發酵強度
亮度（酸度）	**4** 酸	**4** 較酸

上表是因為盛粉器設計不同導致萃取率不同，造成口感上的
差異。以前曾經做過『過濾器材質對虹吸咖啡萃取口感的差
異』實驗，實驗結果是，使用金屬濾器煮出來的咖啡比使用
陶瓷濾器煮出來的咖啡亮度 (酸) 較明顯。那同樣的，金屬
濾網會不會對咖啡萃取造成口感上的差異呢？我又做了以下
實驗如下：

實驗條件
咖啡豆
新鮮淺焙（一爆密集）水洗耶加 Gedeb Able G1 50g
咖啡粉研磨粗細
大富士 3 號
水
高雄鼓山愛惠普過濾冷飲水
粉水比
滴濾法皆為 50ml 濕潤粉層，以 500ml 萃取，粉水比 1：11 浸泡法皆為 600ml 萃取，粉水比 1：12
使用器材

一般冰滴壺 1 個

Hario 雫金屬濾網冰滴壺 1 個

Hario 600ml 樹脂濾網冷泡壺 1 個

600ml 廣口瓶 1 個

一般冰滴壺
玻璃盛粉器

雫金屬
盛粉器

萃取方式
A 壺：一般冰滴壺以水滴法萃取。
B 壺：使用雫冰滴壺，以其特有固定流速水滴式萃取。
C 壺：將一般冰滴壺的盛粉器換成雫的金屬盛粉器，以一般水滴法的萃取速率萃取。
D 壺：以 Hario 600ml 樹脂冷泡壺浸泡冰釀 12 小時。
E 壺：將雫金屬濾網置於 600ml 廣口瓶，浸泡冰釀 12 小時。

實驗結果			
	A 壺 一般冰滴壺 水滴法	**B 壺** 雫特有快速 水滴法	**C 壺** 雫一般 水滴法
萃取率	**5** 最高	**4** 與 C 壺 無明顯差異	**4** 與 B 壺 無明顯差異
濃度	**5** 最濃	**4** 與 C 壺無明 顯濃度差異	**4** 與 B 壺無明顯 濃度差異

	A 壺 一般冰滴壺 水滴法	**B 壺** 霎特有快速 水滴法	**C 壺** 霎一般 水滴法
發酵感	**3** 一樣發酵強度	**3** 一樣發酵強度	**3** 一樣發酵強度
亮度 （酸）	**4** 酸甜感最平衡	**5** 酸感突出	**5** 酸感突出

	D 壺 Hario 樹脂冷泡壺	**E 壺** 霎金屬濾網冷泡
萃取率	**3** 與 E 壺無明顯差異	**3** 與 D 壺無明顯差異
濃度	**3** 與 E 壺無明顯差異	**3** 與 D 壺無明顯差異
發酵感	**0** 無發酵感	**0** 無發酵感
亮度 （酸）	**4** 較 E 壺溫和	**5** 較 D 壺突出

由上面分別以滴濾式及浸泡式的萃取方式及實驗金屬材質與非金屬材質的盛粉器對冷萃咖啡風味的影響，可以發現金屬盛粉器也對冷萃咖啡口感有影響。喝金屬盛粉器做出來的冷萃咖啡，其酸質會在入口時較突出尖銳；而非金屬材質盛粉器咖啡液的酸質，在入口時不會有突出尖銳感，會比較溫和且平衡。

最後的實驗中，我們設計了五壺，其中 A、B 壺是測試一般水滴法與雫原廠設定的快速萃取在口感上的差異。B、C 壺是測試同為雫的金屬盛粉器，在不同滴速下是否造成不同的口感。A、C 壺是測試在相同滴速下，不同的盛粉器材質與設計是否造成口感上的差異。畢竟 盛粉器的設計，容易使萃取水較少流經咖啡粉層，很可能是造成滴濾法口感有差異的原因，所以又設計了 D、E 兩壺——以浸泡法來測試材質是否對萃取出的咖啡口感有影響？因為浸泡法就不涉及流經粉層多寡是否會造成口感差異的可能性。

▌ 後記 ▌

　　如果用音樂來比喻咖啡，那麼咖啡農就是作曲家──將整個作品譜寫在咖啡生豆裡；烘豆師就是指揮家──將曲目依照自己的感受詮釋並演繹出來。吧檯手就是演奏家──依照指揮家的詮釋以自己的技巧展現出來；演奏家所使用不同的樂器就是不同的萃取方式，如同一首曲目以不同樂器演奏會有不同感受；而品飲者就是觀眾。

　　咖啡也像人，同一個人（咖啡豆）放在不同環境中（後製方式、烘焙方式、萃取方式）會有不同的反應與表現。咖啡也像人生，各階段的過程都對最後的結果有著不同的影響，如同阿甘名言：「人生如同一盒巧克力，你永遠不知道下一顆吃到的是什麼滋味。」咖啡也是。也許豆貌看起來很漂亮，但喝起來很難喝；也許看起來是淺烘焙，但喝起來卻很苦澀，沒喝到，你永遠不知道！

　　再次感謝幸福文化讓我有這個機會將我所認識的冷萃咖啡分享給大家。

　　冷萃咖啡在咖啡萃取中是最容易上手、失敗率最低，而且大家都可以在炎炎夏日中在家製作並享用一杯媲美咖啡館香醇冰咖啡的好方法。現在市面上有琳瑯滿目的冷萃咖啡器具供大家選擇，

雖然造型不同、材質不同，但萃取原理大致和本書討論的一樣，
希望這本書能讓大家對咖啡萃取有進一步的了解，不再覺得咖啡
是那麼神秘和不可觸及，在家就可以第一次冷萃咖啡就上手！

冷萃咖啡學

王維新 —— 著

國家圖書館出版品預行編目 (CIP) 資料

冷萃咖啡學：用時間換取水滴、冰滴、
冰釀的甘醇風味／
王維新新著；-- 初版 .-
- 新北市：幸福文化：
遠足文化發行，
2018.06　面；　公分 .--
(飲食區；Food&Wine；8)
ISBN 978-986-96358-5-1 (平裝)

1. 咖啡

427.42
107007634

作　　者	王維新
責任編輯	梁淑玲
攝　　影	吳金石
封面設計	東喜設計
內頁設計	葛雲
感謝插圖提供	www.flaticon.com
感謝贈品贊助	薇斯卡亞有限公司

總 編 輯	林麗文
副 總 編	梁淑玲、黃佳燕
主　　編	高佩琳
行銷總監	祝子慧
行銷企劃	林彥伶、朱妍靜

出　　版	幸福文化／遠足文化事業股份有限公司
地　　址	231 新北市新店區民權路 108-1 號 8 樓
粉 絲 團	www.facebook.com/Happyhappybooks
電　　話	(02) 2218-1417
傳　　真	(02) 2218-8057

發　　行	遠足文化事業股份有限公司 (讀書共和國出版集團)
地　　址	231 新北市新店區民權路 108-2 號 9 樓
電　　話	(02) 2218-1417
傳　　真	(02) 2218-1142
電　　郵	service@bookrep.com.tw
郵撥帳號	19504465
客服電話	0800-221-029
網　　址	www.bookrep.com.tw

法律顧問	華洋國際專利商標事務所 蘇文生律師
初版九刷	2023 年 8 月
定　　價	399 元

Ergos 薇斯卡亞
瓜地馬拉咖啡

向世界推廣瓜地馬拉咖啡，是薇斯卡亞 ERGOS 與生俱來的使命，透過協助當地
農民，尋找適合直接貿易的市場。為致力於推動瓜地馬拉與亞洲烘焙師之間的
直接貿易橋樑，ERGOS 於瓜地馬拉首都，亦打造了專業的杯測實驗室。

產地直銷

薇斯卡亞有限公司 ERGOS Coffee
Sales@ErgosCoffee.com
+886-909-615000 ・ +886-2-8665-5225
www.ErgosCoffee.com

LINE @ven1047u   ErgosCoffee

LINE@   facebook

讀者回函卡

感謝您購買本公司出版的書籍，您的建議就是幸福文化前進的原動力。請撥冗填寫此卡，我們將不定期提供您最新的出版訊息與優惠活動。您的支持與鼓勵，將使我們更加努力製作出更好的作品。

讀者資料

● 姓名：＿＿＿＿＿＿＿＿　● 性別：□男　□女　● 出生年月日：民國＿＿＿年＿＿＿月＿＿＿日

● E-mail：＿＿＿＿＿＿＿＿＿＿＿＿＿＿＿＿＿＿＿＿＿＿＿＿＿＿＿＿＿＿＿＿＿＿＿

● 地址：□□□□□＿＿＿＿＿＿＿＿＿＿＿＿＿＿＿＿＿＿＿＿＿＿＿＿＿＿＿＿＿＿

● 電話：＿＿＿＿＿＿＿＿＿＿＿　手機：＿＿＿＿＿＿＿＿＿＿＿　傳真：＿＿＿＿＿＿＿＿＿＿

● 職業： □學生□生產、製造□金融、商業□傳播、廣告□軍人、公務□教育、文化 □旅遊、運輸□醫療、保健□仲介、服務□自由、家管□其他

購書資料

1. 您如何購買本書？□一般書店（　　　　縣市　　　　　書店）
　　□網路書店（　　　　　　書店）　□量販店　□郵購　□其他

2. 您從何處知道本書？□一般書店　□網路書店（　　　　　書店）　□量販店
　　□報紙　□廣播　□電視　□朋友推薦　□其他

3. 您通常以何種方式購書（可複選）？□逛書店　□逛量販店　□網路　□郵購
　　□信用卡傳真　□其他

4. 您購買本書的原因？□喜歡作者　□對內容感興趣　□工作需要　□其他

5. 您對本書的評價：（請填代號 1.非常滿意 2.滿意 3.尚可 4.待改進）
　　□定價　□內容　□版面編排　□印刷　□整體評價

6. 您的閱讀習慣：□生活風格　□休閒旅遊　□健康醫療　□美容造型　□兩性
　　□文史哲　□藝術　□百科　□圖鑑　□其他

7. 您對本書或本公司的建議：

＿＿＿＿＿＿＿＿＿＿＿＿＿＿＿＿＿＿＿＿＿＿＿＿＿＿＿＿＿＿＿＿＿＿＿＿＿＿＿

＿＿＿＿＿＿＿＿＿＿＿＿＿＿＿＿＿＿＿＿＿＿＿＿＿＿＿＿＿＿＿＿＿＿＿＿＿＿＿

＿＿＿＿＿＿＿＿＿＿＿＿＿＿＿＿＿＿＿＿＿＿＿＿＿＿＿＿＿＿＿＿＿＿＿＿＿＿＿

＿＿＿＿＿＿＿＿＿＿＿＿＿＿＿＿＿＿＿＿＿＿＿＿＿＿＿＿＿＿＿＿＿＿＿＿＿＿＿

＿＿＿＿＿＿＿＿＿＿＿＿＿＿＿＿＿＿＿＿＿＿＿＿＿＿＿＿＿＿＿＿＿＿＿＿＿＿＿

ISBN 978-986-94861-5-6
XBLN0005
ISBN978-986-94861-5-6
NT$ 400
00400
9789869486156
讀書共和國
www.bookrep.com.tw

古文字　探討古代社會的重要媒介

國內首部 跨文字學 × 人類學 × 社會學 有系統且分門別類介紹甲骨文的叢書

人類對於食物最初的考慮，只在充飢吃飽，漸及味道好壞，最後才講究營養、進食氣氛、用餐禮儀等更高層次的需求。生活在不同地區、不同年代的人，飲食習慣各有不同。飲食習慣取決於地理環境、生產技術、人口壓力以及文明發展進度；因此，飲食習慣也是辨識一個文化、一個社會的很好的標尺。而飲食文化內涵，包括食器的質材與外觀、用餐地點選擇、進食次序、器物排列、進食禮儀，以及歌舞助興等等，古文字也反映了一些內容。

人們縫製衣服的最初目的，可能為保護身體不受自然界邪惡之氣的危害，或不被荊棘、昆蟲、雨露傷害。有些地區則可能以動物皮毛偽裝捕獵。早期社會，儘管只是象徵性穿著，也都會要求成員穿用某些裝飾品或衣物，是追求形象、分別階級等文明觀念的起始。

《日常生活篇｜食與衣》內容包含

★ 食　　老祖宗吃的五穀雜糧，採收及加工
　　　　煮食方法與煮食器具
　　　　飲食禮儀與飲食器具
　　　　飲酒與酒器

★ 衣
　　　　穿衣文明的發展
　　　　服制與飾物

字字有來頭：文字學家的殷墟筆記

系列 1-6 冊

陸續出版，敬請期待

「帶」的金文字形，上半部是衣服的腰部被帶子束緊後呈現的皺褶形象，下半部表現出衣服的下襬，佩帶成串的玉珮。中國古代的衣服沒有鈕扣，以帶子束緊衣服。玉珮為懸掛在衣帶上的高貴裝飾物，是周代常見賞賜下屬的物品。帶子的功用很多，工作的時候可攜帶工具，作戰的時候可以攜帶武器，行禮的時候可佩帶玉器，平日家居則佩帶日常生活的小用具，以及擦拭髒污的佩巾。